科学。奥妙无穷 ▶

走向奇幻斑斓的海

ZOUJINQIHUANBANLANDEHAI

魏星 编著

中国出版集团

现代出版社

目录

目

录

海洋——生命的摇篮，海洋为地球上生命的诞生与繁衍提供了必要的条件，地球上的生命诞生于海洋，海洋对人类的生存和发展有着重要作用，海洋对于人类社会的过去和现在都产生了重要影响，它将继续影响人类社会的未来……中国是一个海洋大国，拥有全世界第三长的海岸线和近三分之一国土面积的海域。那里有无数奇妙的鸟类和海洋生物。由北向南，会遇见翩翩起舞的丹顶鹤，以海草为食的大天鹅，飘浮于海面柔软发光的水母群，栖息在湿地沼泽中的麋鹿，飞往香港米埔越冬的黑脸琵鹭，长江下游的中华鲟和东海鳗鱼……看蛇岛蝮蛇如何捕食过往候鸟，还可以钻入水下，看渔民如何闭气采集龙虾和鲍鱼。现在让我们一起去欣赏那蔚蓝色的大海。

天涯海角

海又称为"大海"，是指与"大洋"相连接的大面积咸水区域，即大洋的边缘部分。通常我们将大型内陆盐湖、没有与海洋连通的大型咸水湖泊如里海、加利利海称为"海"。海分为边缘海、内海、内陆海（广大的淡水水系，如五大湖）和陆间海。海域是人类最先通向大洋的桥梁。海域对人类的作用不仅是提供丰富的各类可用资源，它也为调节整个地球水平衡发挥着重要作用。

海的缘起 〉

地球初期形成的地壳较薄，而地球内部温度又很高，因此火山爆发频繁，从火山喷出的气体，构成地球的还原性大气。

大约50亿年前的原始地球，天空烈日似火，电击雷轰；地面熔岩滚滚，火山喷发。这种自然现象成了生命起源的"催生婆"。巨大的热能促使原始地球各种物质激烈地运动和变化，孕育着生机。

原始地球由于不断散热，灼热的表面逐渐冷却下来，原来从大地上跑到天空中去的水，凝结成雨点，又降落到地面，持续了许多亿年，形成了原始海洋。在降雨过程中，氢、二氧化碳、氨和烷等，有一部分带入原始海洋；雨水冲刷大地时，又有许多矿物质和有机物陆续随水汇集海洋。广漠的原始海洋，诸物际会，气象万千，大量的有机物源源不断产生出来，海洋就成了生命的摇篮。

海水所含的盐分各处不同，平均约为3.5%。这些溶解在海水中的无机盐，最常见的是氯化钠，即日用的食盐。有些盐来自海底的火山，但大部分来自地壳的岩石。岩石受风化而崩解，释出盐类，再由河水带到海里去。在海水汽化后再凝结成水的循环过程中，海水蒸发后，盐留下来，逐渐积聚到现有的浓度。海洋所含的盐极多，可以在全球陆地上铺成约厚1500米的盐层。

海底火山熔岩

海与洋 〉

海在大洋的边缘，是大洋的附属部分。海的面积约占海洋的11%，海的水深比较浅，从几米到3000米不等。由于海靠近大陆，受大陆、河流、气候和季节的影响，水的温度、盐度、颜色和透明度都受陆地影响出现明显的变化，有的海域海水冬季还会结冰，河流入海口附近海水盐度会变淡、透明度差。和大洋相比，海没有自己独立的潮汐与海流。

世界上有很多著名的海，它们主要分布于大洋的边缘地带。例如，太平洋边缘的东海、南海、日本海，大西洋边缘的北海、地中海，印度洋边缘的阿拉伯海、孟加拉湾、红海、亚丁湾等。它们是人们进行生产生活的重要海区。

海的地质作用 〉

　　海蚀作用：海水通过自己的动力对海岸和海底进行破坏，分为海浪冲击作用，海浪的磨蚀作用（海浪携带的泥沙对海岸的磨蚀）和海水溶蚀作用。

　　海浪搬运和沉积作用：横向运动，垂直海岸线的泥沙运动，进流和退流作用使泥沙向海或向岸运移，中立带上，泥沙仅有往返运动，而无实质上的运移。纵向运动，平行岸线的泥沙运动。

海蚀地貌

海水盐度 〉

海水盐度是指海水中全部溶解固体与海水重量之比，通常以每千克海水中所含的克数表示。人们用盐度来表示海水中盐类物质的质量分数。世界大洋的平均盐度为3.5%。

海洋和气候 〉

由于海洋巨大水体作用，所以对气候的影响是非常巨大的。

海水的比热容比较大，这就意味着海水升温和降温的速度不是很快，就好比新疆的沙漠地区由于远离海洋，所以就少了海洋这个温度调节装置，造成新疆昼夜温差很大，白天温度急剧上升，夜晚温度急剧下降。远离海洋也意味着降雨量的减少，这也导致了新疆干燥、炎热的气候，加剧沙漠化。

飓风和台风 〉

台风和飓风都是一种风，只是发生地点不同，叫法不同。台风是在北太平洋西部、国际日期变更线以西，包括南中国海；而在大西洋或北太平洋东部的热带气旋则称飓风，也就是说在美国一带称飓风，在菲律宾、中国、日本一带叫台风。

海啸 〉

海啸是由水下地震、火山爆发或水下塌陷和滑坡等大地活动造成的海面恶浪，并伴随巨响的自然现象。是一种具有强大破坏力的海浪，是地球上最强大的自然力。

海啸的波长比海洋的最大深度还要大，在海底附近传播不受阻滞，不管海洋深度如何，波都可以传播过去。海啸在海洋的传播速度大约每小时500到1000千米，而相邻两个浪头的距离可能远达500到650千米，它的这种波浪运动所卷起的海涛，波高可达数十米，并形成极具危害性的"水墙"。

海底50千米以下出现垂直断层，里氏震级大于6.5级的条件下，最易引发破坏性海啸。

风暴潮 〉

　　风暴潮是一种灾害性的自然现象。由于剧烈的大气扰动，如强风和气压骤变（通常指台风和温带气旋等灾害性天气系统）导致海水异常升降，使受其影响的海区的潮位大大地超过平常潮位的现象，称为风暴潮。又可称"风暴增水"、"风暴海啸"、"气象海啸"或"风潮"。

海岸线 〉

海岸线是陆地与海洋的交界线。一般分为岛屿海岸线和大陆海岸线。它是发展优良港口的先天条件。曲折的海岸线极有利于发展海上交通运输。海洋和陆地是地球表面的两个基本单元，海岸线即是陆地与海洋的分界线，一般指海潮时高潮所到达的界线。地质历史时期的海岸线，称古海岸线。海岸线分为岛屿岸线和大陆岸线两种，但海岸线不是一条线。

这句话听起来明显地不合逻辑，但的确是海洋学家的一句口头禅。海洋与陆地的变化十分复杂。我们暂且假定陆地是固定不变的，海洋只有潮汐变化。海水昼夜不停地反复地涨落，海平面与陆地交接线也在不停地升降改变。假定每时每刻海水与陆地的交接线都能留下鲜明的颜色，那么一昼夜间的海岸线痕迹是具有一定宽度的一个沿海岸延伸的条带。为测绘、统计实用上的方便，地图上的海岸线是人为规定的。一般地图上的海岸线是现代平均高潮线。麦克特航海用图上的海岸线是理论最低低潮线，比实际上的最低低潮线还略微低一些。这样规定，完全是为了航海安全上的需要。因为海图上的水深以这样的理论最低低潮线为基准，可以保证任何时间，实际上的水深都比图上标示的水深更深。舰船按此海图航行绝对不会搁浅。

14

• 海岸线的变化

海岸线发生如此巨大变化的主要原因是地壳的运动。由于受地壳下降活动的影响，引起海水的侵入（海侵）或海水的后退现象，造成了海岸线的巨大变化。这种变化直到今天也没有停止。有人测算过，比较稳定的山东海岸，纯粹由于地壳运动造成的垂直上升，每年约1.8毫米，如果再过1万年，海岸地壳就可上升18米。到那时，海岸线又会发生很大的变化。

其次，海岸线的变化受冰川的影响较大。在地球北极和南极地区，陆地和高山上覆盖着数量巨大的冰川，如果气温上升，世界上这些冰川都融化了，冰水流入大海，那么海平面就会升高十几米，海岸线就会大大地向陆地推进；相反，如果气温相对下降，则冰川又扩展加厚，海平面就会渐趋降低，海岸线就会向海洋推进。

再次，海岸线的变化还受到入海河流中泥沙的影响。当河流将大量泥沙带入海洋时，泥沙在海岸附近堆积起来，长年累月，沉积为陆地，这时海岸线就会向海洋推移。如我国的黄河是目前世界上含沙量最多的一条大河，平均每立方米的河水含沙量约为37千克，它每年倾入大海的泥沙多达16亿吨。泥沙在入海处大量沉积，使黄河河口每年平均向大海伸长2—3千克，即每年新增加约50平方千米的新淤陆地。由于河水带来的泥沙沉积，使海岸线也不断地向海洋推进。

中国海岸线

　　按海岸的形态和成分来分，中国的海岸有平原海岸、山地港湾海岸及生物海岸3类。我国东部临海,海岸线总长度达3.2万多千米,其中大陆海岸线,北起鸭绿海蚀海岸，特点是山区陡峭，地形险要。南至北仑河口，长达1.8万多千米。我国海岸形势大体以杭州湾为界，杭州湾以北，海岸线穿过几个隆起带及沉降带,表现为上升的山地港湾海岸与下降的平原海岸交错的格局;杭州湾以南，海岸线基本处于同一隆起带，所以具有较一致的特点。

海湾 ＞

海湾是一片三面环陆的海洋，另一面为海，有U形及圆弧形等，通常以湾口附近两个对应海角的连线作为海湾最外部的分界线。与海湾相对的是三面环海的海岬。海湾所占的面积一般比峡湾微大。

《联合国海洋法公约》（1982年）第十条第二款规定："海湾是明显水曲，其凹入程度和曲口宽度的比例，使其有被陆地环抱的水域，而不仅为海岸的弯曲。但水曲除其面积等于或大于横越曲口所划的直线作为直径的半圆形的面积外，不

应视为海湾。"第十条第四款规定："如果海湾天然入口两端的低潮标之间的距离不超过24海里，则可在这两个低潮标之间划出一条封口线，该线所包围的水域应视为内水。"第十条第五款规定："如果海湾天然入口两端的低潮标之间的距离超过24海里，24海里的直线基线应划在海湾内，以划入该长度的线所可能划入的最大水域。"由于海湾内波能辐散，风浪扰动小，水体平静，易于泥沙堆积。通常潮差较大，北美洲的芬迪湾为世界上潮差最大的地方（达21米）。海湾是

17

人类从事海洋经济活动及发展旅游业的重要基地。世界大小海湾甚多，主要分布于北美、欧洲和亚洲沿岸，其中较大的有240多个。有些海湾，如北大西洋的墨西哥湾、印度洋的孟加拉湾和波斯湾等实质上是海。

世界上面积超过100万平方千米的大海湾共有5个，即位于印度洋东北部的孟加拉湾。位于大西洋西部美国南部的墨西哥湾，位于非洲中部西岸的几内亚湾，位于太平洋北部的阿拉斯加湾，位于加拿大东北部的哈德逊湾。

• 海湾形成原因

　　由于伸向海洋的岩海岸带软硬程度不同，软弱岩层不断遭到侵蚀而向陆地凹进，逐渐形成了海湾；坚硬部分向海突出形成岬角。当沿岸泥沙纵向运动的沉积物形成沙嘴时，使海岸带一侧被遮挡而呈凹形海域。当海面上升时，海水进入陆地，岸线变曲折，凹进的部分即成海湾。海湾由于两侧岸线的遮挡，在湾内形成波影区，使波浪、潮汐的能量降低。沉积物在湾顶沉积形成海滩。当运移沉积物的能量不足时，可在湾口、湾中形成拦湾坝，分别称为湾口坝、湾中坝。

世界十大海湾

孟加拉湾：孟加拉湾是印度洋北部一海湾，西临印度半岛，东临中南半岛，北临缅甸和孟加拉国，南在斯里兰卡至苏门达腊岛一线与印度洋本体相交，经马六甲海峡与暹罗湾和南海相连，是太平洋与印度洋之间的重要通道。面积217万平方千米，深度在2000—4000米之间，南半部较深。沿岸国家包括印度、孟加拉国、缅甸、泰国、斯里兰卡、马来西亚和印度尼西亚。印度和缅甸的一些主要河流均流入孟加拉湾，主要河流有：恒河、布拉马普特拉河、伊洛瓦底江、萨尔温江、克里希纳河等等。孟加拉湾中著名的岛屿包括斯里兰卡岛、安达曼群岛、尼科巴群岛、普吉岛等。孟加拉湾沿岸贸易发达，主要港口有：印度的加尔各答、金奈、本地治里，孟加拉国的吉大港，缅甸的仰光、毛淡棉，泰国的普吉，马来西亚的槟榔屿，印度尼西亚的班达亚齐、斯里兰卡的贾夫纳等等。

墨西哥湾：墨西哥湾是北美洲南部大西洋的一海湾，以佛罗里达半岛—古巴—尤卡坦半岛一线与外海分割，东西长1609千米，南北宽1287千米，面积154.3万平方千米。平均深度1512米。最深处4023米。有世界第四大河密西西比河由北岸注入。北为美国，南、西为墨西哥，东经佛罗里达海峡与大西洋相连，经尤卡坦海峡与加勒比海相接，是著名的墨西哥湾洋流的起点。大陆沿岸及大陆架富藏石油、天然气和硫黄等矿产。湾内有新奥尔良、阿瑟、休斯敦、坦皮科等重要港口。

几内亚湾：几内亚湾位于非洲西岸，是大西洋的一部分，面积153.3万平方千米。赤道与本初子午线在这里交汇。几内亚湾有尼日尔河、刚果河、沃尔特河注入，为海湾带来大量有机沉积物，经过数百万年形成了石油，令沿岸国家近年备受国际社会重视。沿岸有加纳、多哥、贝宁、尼日利亚、喀麦隆、赤道几内亚等国，沿岸主要港口有洛美、拉各斯、哈尔科特、杜阿拉和马拉博等。

阿拉斯加湾：位于美国阿拉斯加州南缘，西邻阿拉斯加半岛和科迪亚克岛，东接斯潘塞角。面积153.3万平方千米。平均水深2431米，最大水深5659米，太平洋东北部一个宽阔海湾。沿岸多峡湾和小海湾。陆地上的河流不断地把断裂下来的冰山和河谷中的泥沙、碎石带入海湾中。沿岸主要港口有奇尔库特港等。大陆沿岸地区多火山，渔业资源较丰富。

　　哈德逊湾：位于加拿大东北部巴芬岛与拉布拉多半岛西侧的大型海湾，面积约 120 万平方千米。平均水深 257 米。北部时常有北极熊出现。主要港口有彻奇尔等。

　　卡奔塔利湾：位于澳大利亚东北部。

　　巴芬湾：是在一个位于大西洋与北冰洋之间的海，巴芬湾其实是大西洋西北部在格陵兰岛与巴芬岛之间的延伸部分。巴芬湾是英国航海家威廉·巴芬航行此地后，依照其名字命名的。以戴维斯海峡到内尔斯海峡计算，巴芬湾南北长 1450 千米，面积为 689000 平方千米。

大澳大利亚湾：西起澳大利亚的帕斯科角，东至南澳大利亚州的卡诺特角。东西长 1159 千米，南北宽 350 千米，面积 48.4 万平方千米。海湾北岸近海区水浅，向远海深度逐渐加深，平均水深 950 米，最大水深 5600 米。海岸平直，有连绵不断的悬崖。冬季在强劲西北风控制下风浪甚大，素以风大浪高闻名，船舶难以停泊，只有东岸的斯特里基湾风浪较小能安全停泊。海湾内有勒谢什群岛、纽茨群岛和调查者号群岛。林肯港为大澳大利亚湾中的主要港口。

波斯湾：位于阿拉伯半岛与伊朗之间，阿拉伯语中称作阿拉伯湾，通过霍尔木兹海峡与阿曼湾相连，总面积约 23.3 万平方千米，长 990 千米，宽 58—338 千米。水域不深，平均深度约 50 米，最深约 90 米。它是底格里斯河与幼发拉底河出海的地方。北至东北至东方与伊朗相邻，西北为伊拉克和科威特，西到西南方为沙特阿拉伯、巴林、卡塔尔、阿拉伯联合酋长国、阿曼。

暹罗湾：又称泰国湾，是泰国的南海湾，其东南部通南中国海，泰国、柬埔寨、越南濒临其北部和东部，泰国、马来西亚在其西部。水域面积大约 32 万平方千米，平均水深（浅）仅 45 米，平均盐度为 3.5%。

马六甲海峡沿岸

海峡 >

　　海峡是指两块陆地之间连接两个海或洋的较狭窄的水道。它一般深度较大，水流较急。海峡的地理位置特别重要，不仅是交通要道、航运枢纽，而且历来是兵家必争之地。因此，人们常把它称之为"海上走廊"、"黄金水道"。据统计，全世界共有海峡1000多个，其中适宜于航行的海峡有130多个，交通较繁忙或较重要的有40多个。

• 世界重要海峡

马六甲海峡：连接太平洋与印度洋的战略交通要道。马六甲海峡位于马来半岛和印度尼西亚苏门答腊岛之间，是沟通欧洲、亚洲和非洲的海上交通纽带，战略地位十分重要，被称为日本的"海上生命线"。

霍尔木兹海峡：西接波斯岛，东连阿曼湾。它是波斯湾通往阿拉伯岛的咽喉，波斯湾沿岸石油出口的重要通道，世界著名的"石油海峡"。

巴士海峡：台湾岛—菲律宾吕宋岛之间，沟通南海—太平洋，是中国与菲律宾的国界线，日本进口石油的海运要道。

台湾海峡：中国福建—台湾之间，沟通东海—南海，它是东亚至印度洋地区、西欧的航海要道之一。

望加锡海峡：加里曼丹岛与苏拉威西岛之间；沟通苏拉威西海—爪哇海，是沟通印度洋—太平洋航线之一。

白令海峡：楚科奇半岛—阿拉斯加半岛；沟通北冰洋—白令海(太平洋)，是亚洲与北美洲的分界线，太平洋和北冰洋间的惟一通道。

曼德海峡：阿拉伯半岛—非洲大陆之间，是沟通红海、地中海和印度洋的要道。

土耳其海峡：黑海—爱琴海、地中海之间(博斯普鲁斯海峡、马尔马拉海、达达尼尔海峡的总称)，是黑海出地中海的门户，亚欧分界线。

直布罗陀海峡：伊比利亚半岛—非洲大陆，是沟通地中海—大西洋地中海出大西洋的门户，亚欧航线必经的要道。

麦哲伦海峡：南美洲大陆-南极洲大陆，是南半球一条重要海峡，为纪念麦哲伦，故此命名。

● 海之最

世界上最大最深的海——珊瑚海 〉

　　珊瑚海因有大量珊瑚礁而得名，世界著名的大堡礁就分布在这个海区。珊瑚海区像城垒一样，从托雷斯海峡到南回归线之南，南北绵延伸展2400千米，东西宽约2—150千米，总面积8万平方千米，为世界上规模最大的珊瑚体，大部分隐没水下成为暗礁，只有少数顶部露出水面成珊瑚岛，在交通上是个障碍。

• 位置简介

　　太平洋西南部海域。位于澳大利亚和新几内亚以东，新喀里多尼亚和新赫布里底岛以西，所罗门群岛以南，南北长约2250千米，东西宽约2414千米，面积4791000平方千米。南连塔斯曼海，北接所罗门海，东临太平洋，西经托里斯海峡与阿拉弗拉海相通。

• 特点

珊瑚海总面积达 479.1 万平方千米，是世界上最大的海，相当于半个中国的国土面积。

珊瑚海的海底地形大致由西向东倾斜，平均水深 2394 米，大部分地方水深 3000—4000 米，最深处则达 9174 米，因此，它也是世界上最深的一个海。南纬 20° 以北的海底主要为珊瑚海的海底高原，高原以北是珊瑚海海盆。南所罗门海沟深 7316 米，新赫布里底海沟深达 7540 米。此外，还有北部的塔古拉堡礁，东南部的新喀里多尼亚堡礁为澳大利亚东部各港往亚洲东部的必经航路。亚热带气候，有台风，

以 1—4 月为甚。经济资源有渔业和巴布亚湾的石油。

海水相当洁净，珊瑚海海水的含盐度和透明度很高，水呈深蓝色。在珊瑚海的周围几乎没有河流注入，这也是珊瑚海水质污染小的原因之一。又由于受暖流影响，大陆架区水温增高，珊瑚海地处赤道附近，因此它的水温也很高，全年水温都在 20℃以上，最热的月份甚至超过 28℃。这些都有利于珊瑚虫生长。珊瑚堡礁以位于澳大利亚东北岸外 16—241 千米处的大堡礁为最大，长达 2012 千米；珊瑚礁为海洋动植物提供了优越的生活和栖息条件。珊瑚海中盛产鲨鱼，还产鲱、海龟、海参、珍珠贝等。

● 景色

　　这里曾是珊瑚虫的天下，它们巧夺天工，留下了世界上最大的堡礁。众多的环礁岛、珊瑚石平台，像天女散花，繁星点点，散落在广阔的海面上，因此得名珊瑚海。在大陆架和浅滩上，以岛屿和接近海面的海底山脉为基底，发育了庞大的珊瑚群体，形成了一个个色彩斑驳的珊瑚岛礁，镶嵌在碧波万顷的海面上，构成了一幅幅绮丽壮美的图景。

● 地质地形

　　澳大利亚和巴布亚新几内亚沿岸外，陆架狭窄。所罗门群岛和新赫布里底群岛周围，岸壁陡峻。深海盆四周为陡壁，海底则有大型的海盆、海沟、海台和海隆、海槽等。大海盆有：北部的珊瑚海海盆、东部的新赫布里底海盆、东北角的圣克鲁斯海盆。大海台有西部的珊瑚海海台和南部的贝洛纳海台。每个海台的面积都超过25万平方千米。在海盆和海台之间，有海隆、海槽穿插其间。露出海面的则有环礁、台礁和岛屿，例如，位于路易西亚德和新喀里多尼亚之间的路易西亚德海丘、新赫

布里底东北部的伦内尔岛和因迪斯彭瑟布礁之间的因迪斯彭瑟布海隆以及威利斯礁附近的威利斯海隆、把珊瑚海海台和大堡礁分开的昆士兰海槽、新喀里多尼亚海槽和洛亚尔蒂海槽等。此外，靠近珊瑚海东部岛链边缘还有3个深海沟：圣克里斯托瓦尔海沟（8310米）、托雷斯海沟（9162米）、新赫布里底海沟（9165米）。

　　陆架浅海和海台上的沉积物为珊瑚沙和碳酸盐岩屑，深海为红黏土和抱球虫软泥。大堡礁的潟湖上为陆源沉积物，而新赫布里底群岛附近有大量的火山沉积物。

• 珊瑚丛中的竞争

　　在大堡礁美得炫目的珊瑚丛中，其实存在着争夺食物和空间的生物界永恒的生存竞争。珊瑚分为软珊瑚和硬珊瑚（造礁的珊瑚）两大类，形态各异。有的珊瑚像鹿角，有的像鞭子，有的像扇子。有些可经受浪涛冲击，有些只能生长在平静的水域。有些长得快，以便遮掩亲邻占有更多的阳光，有些会用含毒的触须，或向水里施放致命化学物质，清除其领域内的竞争同类。

　　此外，还有吃珊瑚的动物，例如刺冠海星。它能把腹腔吐出来贴在珊瑚礁上把包括珊瑚虫活体在内的礁盘一起消化掉。刺冠海星的数量会周期性地剧增，可以把整片珊瑚礁吃干净。

世界上最小的海——马尔马拉海 〉

　　马尔马拉海，史称普罗波恩蒂斯，又译马摩拉海。希腊语"马尔马拉"就是大理石的意思，是世界上最小的海。

马尔马拉海

• 马尔马拉海简介

马拉马拉海是土耳其内海，土耳其亚洲和欧洲部分分界线的一段，东北经博斯普鲁斯海峡与黑海沟通，西南经达达尼尔海峡与爱琴海相连。面积11350平方千米，平均深度约494米。平均含盐度2.2%。当地常有地震。海中有两个群岛，克孜勒群岛在东北面，接近伊斯坦堡，为旅游胜地；马尔马拉群岛在西南面，与卡珀达厄半岛相望。自古就开采大理石、花岗岩和石板，沿岸城镇均为兴旺的工农业中心，有些是旅游胜地。

马尔马拉海东北端经博斯普鲁斯海峡通黑海，西南经达达尼尔海峡通爱琴海—地中海—大西洋，其余的被土耳其包围，是黑海—地中海—大西洋的必经之地，是欧、亚两洲的天然分界线，地理位置十分重要，历来是兵家必争之地，属黑海海峡。如果没有了马尔马拉海，黑海就成一个湖泊了。

• 地质特点

马尔马拉海东西长270千米，南北宽约70千米，面积为1.1万平方千米，只相当于我国的4.5个太湖那么大，是世界上最小的海。海岸陡峭，平均深度183米，最深处达1355米。马尔马拉海位于亚洲小亚细亚半岛和欧洲的巴尔干半岛之间，是欧亚大陆之间断层下陷而形成的内海。原先的一些山峰露出水面变成了岛屿。岛上盛产大理石。希腊语"马尔马拉"就是大理石的意思。海中最大的马尔马拉岛也是用"大理石"来命名的。

左边海岸上是加利波利镇，看起来相当的阴暗，与北方瑞典城镇的风格几乎没有两样，当然，除了高耸着的白色的宣礼塔之外。每座房屋都有与北欧民居相同的红色尖顶，带有小花园。它们样式古老，色调阴暗。门上有木结构的阳台，漆成红色，窗子悬在墙外。整个地方有一些黑暗和腐朽的气氛。有几座建筑物临近大海，那边的风浪很大，海风刺骨。在欧亚两洲的海岸上都有灯塔，荒凉的悬崖峭壁，从加利波利向外伸展是一片平整的绿野，好似丹麦的风光，而在亚洲的海岸上，则是绵延不断的小山，一座挨着一座。

捕食中的马林鱼

世界上最可怕的海——马尾藻海 〉

世界上的海大多是大洋的边缘部分，都与大陆或其他陆地毗连。然而，北大西洋中部的马尾藻海却是一个"洋中之海"，它的西边与北美大陆隔着宽阔的海域，其他三面都是广阔的洋面。所以它是世界上唯一没有海岸的海，因此也没有明确的海区划分界线。马尾藻海的位置大致介于北纬20°—35°、西经30°—75°之间，面积约有几百万平方千米，由墨西哥暖流、北赤道暖流和加那利寒流围绕而成。

马尾藻海也被称为草原海，在马尾藻海的海面上布满了绿色的无根水草——马尾藻，仿佛是一派草原风光。在海风和洋流的带动下，漂浮着的马尾藻犹如一条巨大的橄榄色地毯，一直向远处伸展。除此之外，这里还是一个终年无风区。在蒸汽机发明以前，船只只得凭风而行。那个时候如果有船只贸然闯入这片海区，就会因缺乏航行动力而被活活困死。所以自古以来，马尾藻海被看作一个可怕的"魔海"。1492年8月3日早晨，意大利航海家哥伦布率领的一支船队就在那里被马尾藻包围了。他们在马尾藻海上航行了整整三个星期，才摆脱了危险。

马尾藻海远离江河河口，浮游生物很少，海水湛蓝，透明度深达66.5米，个别海区可达72米。因此，马尾藻海又是世界上海水透明度最高的海。马尾藻海中生活着许多独特的鱼类，如飞鱼、刺鲀、旗鱼、马林鱼、马尾藻鱼等。它们大多以海藻为宿主，善于伪装、变色，打扮得同海藻相似。最奇特的要算马尾藻鱼了。它的色泽同马尾藻一样，眼睛也能变色，遇到"敌人"，能吞下大量海水，把身躯鼓得大大的，使"敌人"不敢轻易碰它。

亚速海

世界上最浅的海——亚速海 〉

亚速海是乌克兰和俄罗斯南部海岸外的内陆海。向南通过刻赤海峡与黑海相连,形成黑海的向北延伸。亚速海长约340千米、宽135千米,面积约37600平方千米。流入亚速海的河流有顿河、库班河和许多较小的河流,如卡利米乌斯河、别尔达河、奥比托奇纳亚河和叶亚河。

西部有阿拉巴特岬,是一片113千米长的沙洲,将亚速海与锡瓦什海隔开。锡瓦什海是将克里米亚半岛和乌克兰大陆隔开的沼泽水湾。亚速海最深处只约14米,平均深度只有8米,是世界上最浅的海。由于顿河和库班河夹带大量淤泥,致其东北部塔甘罗格湾水深不过1米。这些大河的流入确保海水盐分很低，在塔甘罗格湾处几乎是淡水。然而，锡瓦什处的海水盐分很高。亚速海的西、北、东岸均为低地，其特征是漫长的沙洲、很浅的海湾和不同程度淤积的潟湖。南岸大都是起伏的高地，海底地形平坦。

亚速海属温带大陆性气候。时而严寒，时而温和，经常有雾。正常情况下，沿北岸海面通常在12月至翌年3月结冰。海流以逆时针方向沿海岸环流。由于每年河水注入量不同，亚速海的年平均水平面差别高达33厘米。潮汐时水平面上下波动可达5.5米。

由于海水浅，混合状态极佳，甚至温暖，以及河流带入大量营养物质，因而海洋生物丰富。动物有无脊椎动物300多种，鱼类约80种，其中有鲟、鲈、欧鳊、鲱、鲂鲏、鲻、米诺鱼、欧拟鲤和鲴等。沙丁鱼和鳀鱼特别多。

亚速海货运量和客运量都很大，尽管某些地方太浅影响了大型远洋航业的发展。冬天需用破冰船助航。主要港口有塔甘罗格、马里乌波尔、叶伊斯克和别尔江斯克。

鲟鱼

35

世界上最咸的海——红海 >

世界上最咸的海在哪儿呢？在亚洲西部阿拉伯半岛西侧与非洲大陆之间，有一片狭长的海域叫红海，它是世界上最咸的海。面积约450000平方千米。红海由埃及苏伊士向东南延伸到曼德海峡，长约2100千米。曼德海峡连接亚丁湾，然后通往阿拉伯海。红海最宽处为306千米。西岸的埃及、苏丹、衣索比亚和东岸的沙特阿拉伯、也门隔海相对。在北端，红海分成两部分：西北部为水浅的苏伊士湾，东北部为亚喀巴湾，水深达1676米。

红海受东西两侧热带沙漠夹峙，常年空气闷热，尘埃弥漫，明朗的日子较少。降水量少，蒸发量却很高，盐度为40.1‰，夏季表层水温超过30℃，是世界上水温和含盐量最高的海域。8月表层水温平均27℃至32℃。海水多呈蓝绿色，局部地区因红色海藻生长茂盛而呈红棕色，红海一称即源于此。年蒸发量为2000毫米，远远超过降水量，两岸无常年河流注入。海底为含有铁、锌、铜、铅、银、金的软泥。

自古为交通要道，但因沿岸多岩岛与珊瑚礁，曼德海峡狭窄且多风暴，故航行不便。重要港口有苏伊士、埃拉特、亚喀巴、苏丹港、吉达、马萨瓦、荷台达和阿萨布。红海北端分叉成两个

小海湾,西为苏伊士湾,并通过贯穿苏伊士地峡的苏伊士运河与地中海相连;东为亚喀巴湾。南部通过曼德海峡与亚丁湾、印度洋相连。是连接地中海和阿拉伯海的重要通道。是一条重要的石油运输通道。具有战略价值。红海两岸陡峭壁立,岸滨多珊瑚礁,天然良港较少。北纬16°以南,因珊瑚礁海岸的大面积增长,使可以通航的航道十分狭窄,某些港口设施受到阻碍。在曼德海峡,要靠爆破和挖泥两种方式来打开航道。红海地区发现有5种主要类型的矿藏资源:石油沉积、蒸发沉积物(由于升华沉淀作用而形成的沉积物,如岩盐、钾盐、石膏、白云岩)、硫黄、磷酸盐及重金属沉积物,均在主要深海槽底部的淤泥中。

红海是印度洋的陆间海,实际是东非大裂谷的北部延伸。按海底扩张和板块构造理论,认为红海和亚丁湾是海洋的雏形。据研究,红海底部确属海洋性的硅镁层岩石,在海底轴部也有如大洋中脊的水平错断的长裂缝,并被破裂带连接起来。非洲大陆与阿拉伯半岛开始分离在2000万年前的中新世,目前还在以每年1厘米的速度继续扩张。

• 地质特点

　　红海的水下两侧有宽阔的大陆架，海底像一个大的"刻槽"，深深地嵌进两侧的大陆架之中。在主海槽槽底的中部又裂开为一个更深的轴海槽。这样。红海的海底就形成了"槽中有槽"的海底地貌形态，而且槽底非常崎岖不平。在轴海槽中有着无数的裂谷、缝隙、管道和坑穴。它相当狭窄，最宽处约为 24 千米，一般仅有几千米宽。但是，它的深度很大，最深处达 3050 米。轴海槽和主海槽差不多和红海一样长，但在红海北端的西奈半岛附近，它们又分叉成为苏伊士湾和喀巴湾，槽中有槽的地貌形态就不那么明显了。

• 盐度最高

世界上盐度最高的海域，盐度在3.6%—3.8%之间。红海含盐量高的主要原因，是这里地处亚热带、热带，气温高，海水蒸发量大，而且降水较小，年平均降水量还不到200毫米。红海两岸没有大河流入，在通往大洋的水路上，有石林及水下岩岭，大洋里稍淡的海水难以进来，红海中较咸的海水也难以流出去。科学家还在海底深处发现了好几处大面积的"热洞"。大量岩浆沿着地壳的裂隙涌到海底，岩浆加热了周围的岩石和海水，出现了深层海水的水温比表层还高的奇特现象。热气腾腾的深层海水泛到海面加速了蒸发，使盐的浓度越来越高。因此，红海的海水就比其他地方的海水咸多了。

红海命名由来

其一是红海是直接由希腊文，拉丁文，阿拉伯文翻译过来意译为泪之门，和海的颜色没有关系，红海并不是红色的。可能的来源包括：季节性出现的红色藻类；附近的红色山脉；一个名称为红色的本地种族；指南边（对应黑海的北边）；红地的海（古埃及称沙漠为红地）等。这种解释又分为三种观点：有的说红海里有许多色泽鲜艳的贝壳，因而使水色深红；有的认为红海近岸的浅海地带有大量黄红的珊瑚沙，使得海水变红；还有的说红海是世界上温度最高的海，适宜生物的繁衍，所以表层海水中大量繁殖着一种红色海藻，使得海水略呈红色，因而得名红海。

其二是认为红海两岸岩石的色泽是红海得名的原因。远古时代，由于交通工具和技术条件的制约，人们只能驾船在近岸航行。当时人们发现红海两岸特别是非洲沿岸，是一片绵延不断的红黄色岩壁，这些红黄色岩壁将太阳光反射到海上，使海上也红光闪烁，红海因此而得名。

其三是将红海的得名与气候联系在一起。红海海面上常有来自非洲大沙漠的风，送来一股股炎热的气流和红黄色的尘雾，使天色变暗，海而呈暗红色，所以称为红海。

其四是古代西亚的许多民族用黑色表示北方，用红色表示南方，红海就是"南方的海"。

其五，源于莉莉丝的传说，她是与亚当同时被造出的第一个女人，也是亚当的第一任妻子。原本应该是巴比伦传说中的女性，但是因为犹太教经典《塔木德》的记载而变得十分有名。莉莉丝不愿听从亚当的命令因此离开他到红海去，以每天 100 个的速度产下恶魔之子。主

命令3个天使去找她，天使们威胁说要每天杀掉她100个小孩，莉莉丝忍受不了天使的胁迫而跳红海自杀。但由于莉莉丝是由神所创造的，并不会轻易死去，她的灵魂一直在红海沉浮，一直等到天使路西法叛变上帝后，才与堕落天使们一起前往了地狱。

　　莉莉丝居住的红海意味着所有生命孕育自女性的经血，而作为从血海中诞生万物的代价，也要向血海补充鲜血（例如人祭）。莉莉丝也被古代希伯来人视为大地和农耕部族的太母，当该隐杀死弟弟亚伯时，莉莉丝作为大地太母接受了该隐的祭品——亚伯流入田野的鲜血，并赐给前者永生不死的躯体和灵魂，开创了吸血鬼家族显赫一时的历史。因此很多小说作家把她写成吸血鬼女王。

41

世界上最淡的海——波罗的海 >

又咸又涩的海水不能饮用。可是，从波罗的海中舀起来的水几乎尝不到咸味。波罗的海是世界上盐度最低的海。

• 地理位置

波罗的海是欧洲北部的内海、北冰洋的边缘海、大西洋的属海。世界最大的半咸水水域。在斯堪的那维亚半岛与欧洲大陆之间。从北纬54°起向东北展伸，到近北极圈的地方为止。长1600多千米，平均宽度190千米，面积42万平方千米。波罗的海位于北纬54°—65.5°之间的东北欧，呈三岔形，西以斯卡格拉克海峡、厄勒海峡、卡特加特海峡、大贝尔特海峡、小贝尔特海峡、里加海峡等海峡和北海以及大西洋相通。

波罗的海四面几乎均为陆地环抱，整个海面介于瑞典、俄罗斯、丹麦、德国、波兰、芬兰、爱沙尼亚、拉脱维亚、立陶宛9个国家之间。向东伸入芬兰和爱沙尼亚、俄罗斯之间的称芬兰湾，向北伸入芬兰与瑞典之间的称波的尼亚湾。

波罗的海沿岸的岛屿

• 地质地貌

从第三纪以来，波罗的海及其周围区域曾经经历了陆地和水域的多次相互交替。波罗的海是在最后一次冰期结束冰川大量融化后才形成的。波罗的海的海岸复杂多样，海岸线十分曲折，南部和东南部是以低地、沙质和潟湖为主的海岸，北部以高陡的岩礁型海岸为主，海底沉积物主要有沙、黏土和冰川软泥。波罗的海中岛屿林立，港湾众多，散布着奇形怪状的小岛和暗礁，有博恩霍尔姆岛、哥得兰岛、厄兰岛、吕根岛、果特兰岛等岛屿，以及深入陆地的波的尼亚湾、芬兰湾、里加湾等海湾。

• 盐度极低的奥秘

波罗的海是世界上盐度最低的海域，这是因为波罗的海的形成时间还不长，这里在冰河时期结束时还是一片被冰水淹没的汪洋，后来冰川向北退去，留下的最低洼的谷地就形成了波罗的海，水质本来就较好；其次波罗的海海区闭塞，与外海的通道又浅又窄，盐度高的海水不易进入；加之波罗的海纬度较高，气温低，蒸发微弱；这里又受西风带的影响，气候湿润，雨水较多，四周有维斯瓦河、奥得河、涅曼河、西德维纳河和涅瓦河等大小250条河流注入，年平均河川径流量为437立方千米，因此波罗的海的海水就很淡了。海水含盐度只有0.7%—0.8%，大大低于全世界海水平均含盐度（3.5%）。

波罗的海的海水含盐度自出口处向海内逐渐减少，大贝尔特海峡和小贝尔特海峡海水含盐度15‰，西部为8‰—11‰，默恩岛以东降至8‰，中部为6‰—8‰，芬兰湾为3‰—6‰（靠近内陆处仅为2‰），波的尼亚湾一般为4‰—5‰（最北部为2‰）。深层和近底层的盐度西部为16‰，中部为12‰—13‰，北部为10‰左右。当流入的大西洋海水增加时，西部的盐度可增加到20‰。波罗的海深层海水盐度较高，是由于含盐度较高的北海海水流入所致。

- 气候降雨

    波罗的海位于温带海洋性气候向大陆性气候的过渡区，全年以西风为主，秋冬季常出现风暴，降水颇多，北部的年平均降水量约 500 毫米，南部则超过 600 毫米，个别海域可达 1000 毫米；地处中高纬度，蒸发较少；周围河川径流总量丰富。波罗的海地区夏季云量约六成，冬季则多于八成。南部和中部每年的雾天平均 59 天，波的尼亚湾北部雾最少，每年约 22 天。

世界上死亡之海——黑海 ﹀

黑海是位于欧洲东南部和亚洲小亚细亚半岛之间的内海，之所以被称为"黑海"，是因为海水颜色深暗，又经常有风暴。黑海是世界上最大的内陆海，因水色深暗、多风暴而得名。黑海向西通过博斯普鲁斯海峡、马尔马拉海、达达尼尔海峡与地中海相通，向北经刻赤海峡与亚速海相连。黑海形似椭圆形。东西最长1150千米，南北最宽611千米，中部最窄263千米，面积42.2万平方千米，海岸线长约3400千米。平均水深1315米，最大水深2210米。北岸为乌克兰，东北岸为俄罗斯，格鲁吉亚在其东岸，土耳其在南岸，保加利亚、罗马尼亚在其西岸。

黑海在航运、贸易和战略上具有重要地位，是联系乌克兰、保加利亚、罗马尼亚、格鲁吉亚、俄罗斯西南部与世界市场的航运要道。北部沿岸，尤其是克里米亚半岛，是东欧人的度假、疗养胜地。

ZOUXIANGQIHUANBANLANDEHAI

• 黑海形成

　　黑海是古地中海的一个残留海盆，在古新世末期小亚细亚半岛发生构造隆起时黑海与地中海开始分开，并逐渐与外海隔离形成内海。随着地壳运动和历次冰期变化，黑海与地中海间经历了多次隔绝和连接的过程，与地中海的相连状态是在 6000—8000 年前的末次冰期结束后冰川融化而形成的。黑海大陆架一般 2.5—15 千米，只西北部较宽达 200 千米以上。少岛屿、海湾。海底地形从四周向中部倾斜。中部是深海盘，水深 2000 米以上，约占总面积的 1/3。

• 水文

　　黑海地区年降水量 600—800 毫米，同时汇集了欧洲一些较大河流的径流量，年平均入海水量达 3550 亿立方米（其中多瑙河占 60%），这些淡水量总和远多于海面蒸发量，淡化了表层海水的含盐量，使平均盐度只有 12‰—22‰。表层盐度较小，在上下水层间形成密度飞跃层，严重阻止了上下水层的交换，使深层海水严重缺氧。据观测，在 220 米以下水层中已无氧存在。在缺氧和有机质存在的情况下，经过厌氧细菌的作用，海水中的硫酸盐产生分解而形成硫化氢等，而硫化氢对鱼类有毒害，因而黑海除边缘浅海区和海水上层有一些海生动植物外，深海区和海底几乎是一个死寂的世界。同时硫化氢呈黑色，致使深层海水呈现黑色。黑海淡水的收入量大于海水的蒸发量，使黑海海面高于地中海海面，盐度较小的黑海海水便从海峡表层流向地中海，地中海中盐度较大海水从海峡下层流入黑海，由于海峡较浅，阻碍了流入黑海的水量，使流入黑海的水量小于从黑海流出的水量，维持着黑海水量的动态平衡。

　　黑海也是地球上唯一的双层海。黑海上层的水面产大量鲟鱼、鲭鱼和鳀鱼。到 20 世纪后期，由多瑙河、聂伯河和其他注入黑海的河水中带来的工业和城市废物，使海水的污染层增加，海中的鱼类减少。

　　黑海是一个面积大并缺氧的海洋系统。黑海本身很深，从河流和地中海流入的水含盐度比较小，因此比较轻，它们浮在含盐度高的海水上。这样深水和浅水之间得不到交流。两层水的交界处位于 100 到 150 米深处之间。两层水之间彻底交流一次需要上千年之久。海底的生物尸体腐化分解时消耗的氧气得不到补充。在这个严重缺氧的环境中只有厌氧微生物可以生存。它们的新陈代谢释放二氧化碳和有毒的硫化氢（H_2S）。其他生物实际上只能生存在 200 米深度以上的水里。

• 成为"死区"的原因

　　黑海的含盐度较低，但是在有些水深155—310米的海域里生物几乎绝迹，鱼儿都不敢游到那里去，简直成为了一片死区，是什么原因使得黑海变成了一死气沉沉的大海呢？专家通过抽样调查，发现那里的海洋生物难以生存，是因为海水受到硫化氢的污染而缺乏氧气，而黑海在和地中海对流中，把自己的较淡的海水通过表层输给了"邻居"，换得的却是从深层流入的又咸又重的水流。加上黑海海水的流速慢，上下层对流差，长年被污染的海域自然要成为"死区"了。

世界上最大的内海——加勒比海 >

加勒比海面积约275.4万平方千米，是世界上最大的内海，位于大西洋西部边缘。

加勒比海以印第安人部族命名，意思是"勇敢者"或是"堂堂正正的人"。是世界上最大的内海。有人曾把它和墨西哥湾并称为"美洲地中海"，海洋学上称中美海。南接委内瑞拉、哥伦比亚和巴拿马海岸；西接哥斯达黎加、尼加拉瓜、洪都拉斯、危地马拉、伯利兹和犹加敦半岛；北接大安的列斯群岛，东接小安的列斯群岛。由于处在两个大陆之间，西部和南部与中美洲及南美洲相邻，北面和东面以大、小安的列斯群岛为界。其

海东西长约2735千米，南北宽在805—1287千米之间，容积为686万立方千米，平均水深为2491米。现在所知的最大水深为7680米，位于开曼海沟。为世界上深度最大的陆间海之一。

加勒比海地区一般属热带气候。但因受高山、海流和信风影响，各地有所不同。多米尼克部分地区年平均雨量高达889厘米，而委内瑞拉沿海博奈尔岛只有25厘米。每年6～9月，时速达120千米的热带风暴(飓风)在北部和墨西哥湾比较常见，南部则极为罕见。海底可分成5个椭圆形海盆，彼此之间为海脊和海隆所分隔。自西往东依次为犹加敦、开曼、哥伦比亚、委内瑞拉和格瑞纳达海盆。

范围定为：从尤卡坦半岛的卡托切角起，按顺时针方向，经尤卡坦海峡到古巴岛，再到伊斯帕尼奥拉岛（海地、多米尼加共和国）、波多黎各，经阿内加达海峡到小安的列斯群岛，并沿这些群岛的外缘到委内瑞拉的巴亚角的连线为界。尤卡坦海峡峡口的连线是加勒比海与墨西哥湾的分界线。加勒比

> ## 加勒比海盗
>
> 这片神秘的海域位于北美洲东南部，那里碧海蓝天，阳光明媚，海面水晶般清澈。17世纪的时候，这里更是欧洲大陆的商旅舰队到达美洲的必经之地，所以，当时的海盗活动非常猖獗，不仅攻击过往商人，甚至包括英国皇家舰队。

世界上最大的陆间海——地中海

　　地中海被北面的欧洲大陆、南面的非洲大陆和东面的亚洲大陆包围着，东西共长约4000千米，南北最宽处大约为1800千米，面积约为2512000平方千米，是世界最大的陆间海。地中海以亚平宁半岛、西西里岛和突尼斯之间突尼斯海峡为界，分东、西两部分，平均深度1450米，最深处5121米。盐度较高，最高达39.5‰。地中海有记录的最深点是希腊南面的爱奥尼亚海盆，为海平面下5121米。地中海是世界上最古老的海，历史比大西洋还要古老。

- **得名由来**

　　地中海是海的一种。所谓海，是指大洋的边缘部分。按其所处的位置不同，可分为边缘海、地中海、内海。地中海，是位于大陆之间的海，又称"陆间海"。面积和深度均较大，有海峡与毗邻海区或大洋相通。如欧、亚、非三大洲之间的"地中海"。位于南、北美洲之间的加勒比海也属于地中海。

- **气候特征**

　　地中海是典型的地中海气候区域，夏季干热少雨，冬季温暖湿润，这种气候使得周围河流冬季涨满雨水，夏季干旱枯竭。冬季受西风带控制，锋面气旋活动频繁，气候温和，最冷月均温在4—10℃之间，降水量丰沛。夏季在副热带高压控制下，气流下沉，气候炎热干燥，云量稀少，阳光充足。全年降水量300—1000毫米，冬半年约占60%—70%，夏半年只有30%—40%。冬雨夏干的气候特征，在世界各种气候类型中，可谓独树一帜。

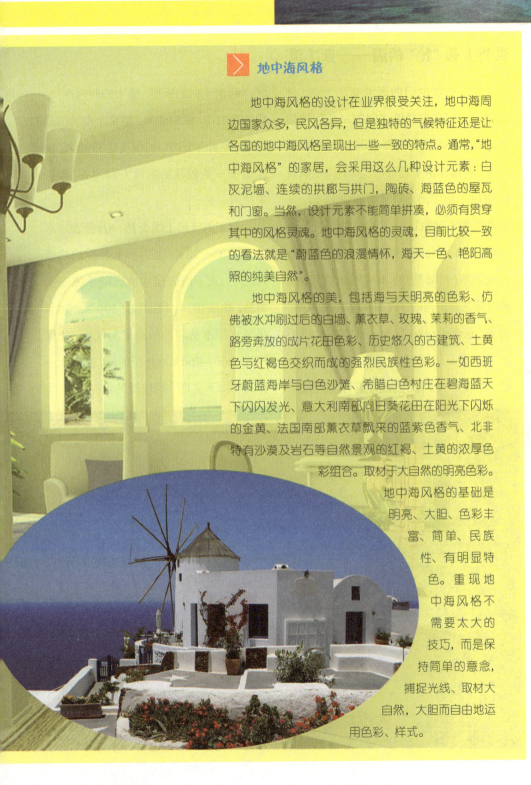

▶ 地中海风格

　　地中海风格的设计在业界很受关注，地中海周边国家众多，民风各异，但是独特的气候特征还是让各国的地中海风格呈现出一些一致的特点。通常，"地中海风格"的家居，会采用这么几种设计元素：白灰泥墙、连续的拱廊与拱门，陶砖、海蓝色的屋瓦和门窗。当然，设计元素不能简单拼凑，必须有贯穿其中的风格灵魂。地中海风格的灵魂，目前比较一致的看法就是"蔚蓝色的浪漫情怀，海天一色、艳阳高照的纯美自然"。

　　地中海风格的美，包括海与天明亮的色彩、仿佛被水冲刷过后的白墙、薰衣草、玫瑰、茉莉的香气、路旁奔放的成片花田色彩、历史悠久的古建筑、土黄色与红褐色交织而成的强烈民族性色彩。一如西班牙蔚蓝海岸与白色沙滩、希腊白色村庄在碧海蓝天下闪闪发光、意大利南部向日葵花田在阳光下闪烁的金黄、法国南部薰衣草飘来的蓝紫色香气、北非特有沙漠及岩石等自然景观的红褐、土黄的浓厚色彩组合。取材于大自然的明亮色彩。

　　地中海风格的基础是明亮、大胆、色彩丰富、简单、民族性、有明显特色。重现地中海风格不需要太大的技巧，而是保持简单的意念，捕捉光线、取材大自然，大胆而自由地运用色彩、样式。

世界上最"忙"的海——亚丁湾 ＞

亚丁湾以也门的海港亚丁为名，是指位于也门和索马里之间的一片阿拉伯海水域，它通过曼德海峡与北方的红海相连。就如苏伊士运河般，亚丁湾是船只快捷往来地中海和印度洋的必经站，又是波斯湾石油输往欧洲和北美洲的重要水路。亚丁湾北面是阿拉伯半岛，南面是非洲之角，西部渐狭，形成塔朱拉湾，东面以瓜达富伊角的子午线即东经51° 16′为界。东西长1480千米，平均宽度482千米，面积53万平方千米。希贝海脊横贯海底，为印度洋海脊的余脉，有许多大致东

北—西南走向的断层，最大的叫阿卢拉-费尔泰海沟，深5360米，是整个海湾的最深处。希贝海脊湾口的深度达3900米，向西造成一条较浅的东西方向沟谷，即塔朱拉湾。

亚丁湾气候干燥炎热，8月份表层水温达27℃—32℃，是世界上最暖的热带海之一。亚丁湾表层水流向随季风变换而易，盐度很高。海面以下100—600米深度水层水从阿拉伯海流向红海，盐度较低；600—760米水作反向流，盐度大；1000米以下又是一层较淡的水。

世界上最宽最深的海峡——德雷克海峡 〉

连接太平洋和大西洋的德雷克海峡，是世界上最宽的海峡。它位于南美洲南端与南极洲的南设得兰群岛之间，东西长约300千米，南北宽达970千米。德雷克海峡不仅是世界上最宽的海峡，也是世界最深的海峡。它的最大深度达到5248 米。如果把2座华山和1座衡山叠放到德雷克海峡中去，那么只有一点山头会露出海面。德雷克海峡是世界各地到南极洲的重要通道。由于受极地旋风的影响，海峡中常常有狂风巨浪，有时浪高可达一二十米。从南极滑落下来的冰山，也常常漂浮在海峡中，给航行带来了困难。

世界上最长的海峡——莫桑比克海峡 ＞

莫桑比克海峡位于非洲大陆东南部和马达加斯加之间，长达1670千米，是世界上最长的海峡。据地质学家研究，约在1亿多年以前，马达加斯加岛是和非洲大陆连在一起的。后来地壳变迁，岛的西部下沉，才形成了这条又长又宽的海峡。

海峡的平均宽度有450千米，北端最宽处达960千米。最深点为3533米，仅次于德雷克海峡和巴士海峡。因为莫桑比克海峡既宽又深，所以能通巨型轮船。从波斯湾驶往西欧、南欧和北美的超级油轮，都是通过这条海峡，再经好望角驶往目的地的，因此它是南大西洋和印度洋之间的航运要道。莫桑比克海峡地处热带，莫桑比克暖流自北向南流，终年炎热多雨，海中多珊瑚礁。海峡北口中部的科摩罗群岛和西南岸的马普托港(属莫桑比克)，都是航运的战略要地。

● 世界四大洋

四大洋是地球上四片海洋（太平洋、大西洋、印度洋、北冰洋）的总称，也泛指地球上所有的海洋。海洋面积为36100万平方千米，太平洋占49.8%，大西洋占26%，印度洋占20%，北冰洋占4.2%。世界海洋面积太平洋占将近一半，其他三大洋大西洋、印度洋、北冰洋占一半。由于海洋学上发现南冰洋有重要的不同洋流，于是国际水文地理组织于2000年确定其为一个独立的大洋，成为五大洋中的第五大洋。但在学术界依旧有人认为依据大洋应有其对应的中洋脊而不承认南极洋这一称谓。

太平洋 >

太平洋面积为18134.4万平方千米，相当于10个南美洲，18个中国，占地球表面积49.4%，近1/2，平均水深3940米，海水体积72370万立方千米。太平洋占世界海洋面积的49.8%几乎一半。东西最宽19900千米，南北最宽15900千米。北

所罗门海

有白令海峡与北冰洋相通，东有巴拿马运河、麦哲伦海峡、德雷克海峡沟通大西洋，西经马六甲海峡、巽他海峡和龙目海峡、西南印度洋海丘、托莱斯海峡、帝汶海等沟通印度洋。太平洋中较大的岛

屿有2600余个，简单概括为一弧三群：一弧，分布在太平洋北部、西部、西南部各边缘海外侧的弧形列岛，包括阿留申群岛、千岛群岛、日本诸岛、琉球群岛、我国台湾及菲律宾和印度尼西亚诸岛。这些岛屿距离大陆近，面积大，多港湾，补给能力强，军事利用价值大。三群：分布在太平洋中部的三大群岛：美拉尼西亚、密克罗尼西亚和玻利尼西亚。美拉尼西亚岛群包括所罗门、巴布亚新几内亚、斐济等；密克罗尼西亚为微型岛群、有加罗林、马里亚纳、吉尔伯特群岛；玻利尼西亚岛群包括夏威夷、中途岛，社会群岛等。像巴拿马海盆的科隆群岛、夏威

斐济

ZOUXIANGQIHUANBANLANDEHAI

阿拉斯加湾

夷群岛、关岛、中途岛、琉球群岛正对着上海、冲绳群岛等，我们必须给予关注。这些群岛的地理位置对于我们国家环顾全球具有重要意义。位于太平洋区域的共有28个海，它们是：白令海、鄂霍次克海、日本海、渤海、黄海、东海、南海、苏禄海、苏拉威西海、马鲁古海、哈马黑拉海、斯兰海、爪哇海、巴厘海、佛罗勒斯海、萨武海、班达海、帝汶海、阿拉弗拉海、俾斯麦海、珊瑚海、所罗门海、塔斯曼海、罗斯海、阿蒙森海、别林斯高晋海、阿拉斯加湾、加利福尼亚湾。其中面积最大的海，也是世界上面积最大的海，是位于南太平洋的的珊瑚海，面积为479万平方千米，其次是我国的南海（面积为360万平方千米）、北太平洋的白令海（面积为230.6万平方千米）和南太平洋的塔斯曼海（面积为230万平方千米），是世界上面积最大的海洋。

61

大西洋 ⟩

　　大西洋面积为9431.4万平方千米，南北长15742千米，东西宽约6852千米，占世界海洋面积的25.4%，平均水深3575米，海水体积3377万立方千米。相当于欧洲、亚洲、非洲、大洋洲4洲面积的总和。大西洋中群岛不少，像加勒比海中的大，小安的列斯群岛、佛德角群岛、马德拉群岛、古巴、海地等位于大西洋区域的海共有20个，它们是：波罗的海、北海、爱尔兰海、地中海、利古利亚海、第勒尼安海、亚得里亚海、爱奥尼亚海、爱琴海、马尔马拉海、黑海、亚速海、加勒比海、斯科舍海、威德尔海、比斯开湾、墨西哥湾、圣劳伦斯湾、哈德逊湾、几内亚湾。其中面积最大的是位于南大西洋的威德尔海，面积为289万平方千米；其次是北大西洋西岸的加勒比海（面积为275.4万平方千米）和北大西洋东岸的地中海（面积为250万平方千米）。最小的海是位于土耳其西北隅的马尔马拉海，面积仅1.1万平方千米，它也是世界最小的海。

印度洋 〉

印度洋7411.8万平方千米，约占世界海洋面积的21.1%，面积居第三位。平均水深3840米，仅次于太平洋，位居四大洋海洋深度第二位，其最深处在阿米兰特群岛西侧的阿米兰特海沟底部，深达9074米。海水体积总计29195万立方千米。印度洋在世界海洋之中的地位十分重要，谁控制了印度洋，谁就掌握了世界经济的钥匙。从印度洋走海道进出太平洋、大西洋都非常方便。印度洋是世界四大洋的枢纽，波斯湾更是世界经济发展的石油命脉。印度洋属海较少，位于印度洋区域的海总共有6个，它们是分别是：红海、阿拉伯海、安达曼海、波斯湾、孟加拉湾以及大澳大利亚湾。其中面积最大的是位于印度洋西北部的阿拉伯海，其面积为386.3万平方千米；其次是印度洋东北部的孟加拉湾，面积达217.2万平方千米。印度洋位居所有海洋中的第三。

北冰洋 〉

北冰洋面积1225.7万平方千米，面积最小，比南极洲1400万平方千米小近200万平方千米。北冰洋最宽约4233千米，最窄处1900千米。北冰洋虽小，然而北冰洋却具有重要的战略意义。因为从北冰洋出发，到达西方发达国家的距离最短。国家海军战略潜艇在北冰洋的存在不但因为北冰洋冰面的存在便于隐蔽，而且因为距离世界上发达国家的距离最短而便于进攻。北冰洋平均水深1296米，海水体积1698万立方千米。位于北冰洋区域的海有10个，它们是：挪威海、格陵兰海、巴伦支海、白海、喀拉海、拉普帖夫海、东西伯利亚海以及楚科奇海、波弗特海和巴芬湾。其中面积最大的是位于北欧沿岸的巴伦支海，面积为140.5万平方千米；其次是挪威海，面积为138.2万平方千米。北冰洋位居全世界海洋的第四。

连接四大洋的海峡 ＞

白令海峡：连接北冰洋和太平洋

马六甲海峡：连接太平洋和印度洋

麦哲伦海峡：连接大西洋和太平洋

直布罗陀海峡：连接印度洋（地中海）和大西洋

戴维斯海峡：连接北冰洋和大西洋

＞ 四大洋的名称由来

太平洋

1520 年，麦哲伦在环球航行途中，进入一个海峡（后称麦哲伦海峡），惊涛骇浪，走出峡谷时风平浪静，于是称这个水域为太平洋，因为这个名字吉利，所以被全世界承认了。

大西洋

大西一词，出自古希腊神话中大力士阿特拉斯的名字。传说阿特拉斯住在大西洋中，能知任何一个海洋的深度，有擎天立地的神力。1845 年，伦敦地理学会统一定名为大西洋。

印度洋

1497 年，葡萄牙航海家达·伽马绕道非洲好望角，向东寻找印度大陆，将所经过的洋面称为印度洋。1570 年的世界地图集正式将其命名为印度洋。

北冰洋

位于北极，终年冰封。1845 年在伦敦地理学会上正式命名为北冰洋。

● 奇幻洋流

洋流又称海流，海洋中除了由引潮力引起的潮汐运动外，海水沿一定途径的大规模流动。引起海流运动的因素可以是风，也可以是热盐效应造成的海水密度分布的不均匀性。前者表现为作用于海面的风应力，后者表现为海水中的水平压强梯度力。加上地转偏向力的作用，便造成海水既有水平流动，又有垂直流动。由于海岸和海底的阻挡和摩擦作用，海流在近海岸和接近海底处的表现，和在开阔海洋上有很大的差别。

洋流概述 〉

洋流是地球表面热环境的主要调节者。洋流可以分为暖流和寒流。若洋流的水温比到达海区的水温高，则称为暖流；若洋流的水温比到达海区的水温低，则称为寒流。一般由低纬度流向高纬度的洋流为暖流，由高纬度流向低纬度的洋流为寒流。海轮顺洋流航行可以节约燃料，加快速度。暖寒流相遇，往往形成海雾，对海上航行不利。此外，

洋流从北极地区携带冰山南下，给海上航运造成较大威胁。

热盐环流 〉

大洋上的结冰、融冰、降水和蒸发等热盐效应，造成海水密度在大范围海面分布不均匀，可使极地和高纬度某些海域表层生成高密度的海水，而下沉到深层和底层。在水平压强梯度力的作用下，作水平方向的流动，并可通过中层水底部向上再流到表层，这就是大洋的热盐环流。

风生环流 〉

大洋表层生成的风漂流，构成大洋表层的风生环流。其中，位于低纬度和中纬度处的北赤道流和南赤道流，在大洋的西边界处受海岸的阻挡，其主流便分别转而向北和向南流动，由于科里奥利参量随纬度的变化和水平湍流摩擦力的作用，形成流辐变窄、流速加大的大洋西向强化流。每年由赤道地区传输到地球的高纬地带的热量中，有一半是大洋西边界西向强化流传输的。进入大洋上层的热盐环流，在北半球由于和大洋西向强化流的方向相同，使流速增大；但在南半球则因方向相反，流速减缓，故大洋环流西向强化现象不太显著。

洋流分类 >

• 按成因分类

洋流按成因分为风海流、密度流和补偿流。

• 风海流(吹送流):

在风力作用下形成的。盛行风吹拂海面，推动海水随风漂流，并且使上层海水带动下层海水流动，形成规模很大的洋流，叫作风海流。世界大洋表层的海洋系统按其成因来说，大多属于风海流。

• 密度流:

在密度差异作用下引起。不同海域海水温度和盐度的不同会使海水密度产生差异，从而引起海水水位的差异，在海水密度不同的两个海域之间便产生了海面的倾斜，造成海水的流动，这样形成的洋流称为密度流。

• 补偿流

因为海水挤压或分散引起。当某一海区的海水减少时，相邻海区的海水便来补充，这样形成的洋流称为补偿流。补偿流既可以水平流动，也可以垂直流动，垂直补偿流又可以分为上升流和下降流，如秘鲁寒流属于上升补偿流。

综上所述，产生洋流的主要原因是风力和海水密度差异。实际发生的洋流总是多种因素综合作用的结果。

- **按冷暖性质分类**

海流按其水温低于或高于所流经的海域的水温，可分为寒流和暖流两种。

暖流：水温较流经海区水温高的是暖流。

寒流，亦称凉流、冷流：本身水温比周围水温低。表层海流的水平流速从几厘米／秒到300厘米／秒，深处的水平流速则在10厘米／秒以下。垂直流速很小，从几厘米／天到几十厘米／时。海流以流去的方向作为流向，恰和风向的定义相反。

- **按地理位置分类**

赤道流、大洋流、极地流及沿岸流等。具体为赤道逆流、北赤道暖流，南赤道暖流、西风漂流和环流。

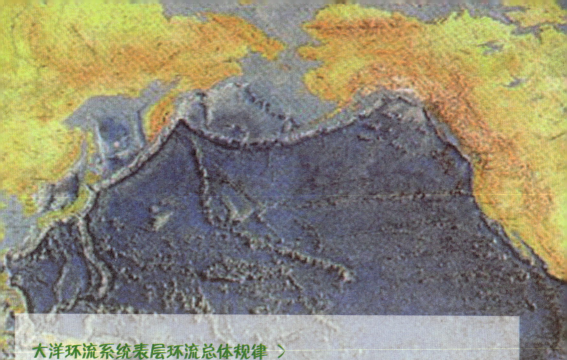

大洋环流系统表层环流总体规律 >

以中低纬海区的副热带高气压为中心的反气旋型大洋环流。以北半球中高纬海区的低压区为中心的气旋型大洋环流。赤道为低气压区，由赤道两侧吹向赤道的东北信风和东南信风，驱动赤道两侧的海水由东向西流动。北面的称为北赤道暖流，南面的称为南赤道暖流。赤道暖流到达大洋西岸时，受陆地阻挡，其中一小股回头向东形成赤道逆流；大部分受到地转偏向力的影响，沿海岸向较高的纬度流去，至中纬地区受西风吹动形成西风漂流。当它们到达大洋东岸时，一部分沿大陆西岸折向低纬，成为赤道暖流的补偿流；另一部分沿大陆西岸折向高纬地区，构成极地寒流。南半球中纬海区的西风漂流。在南

极大陆周围形成的绕极环流，称为南极寒流。北印度洋形成的季风环流，夏季以顺时针方向流动，冬季以逆时针方向流动。

信风带作用下的信风漂流（南、北赤道暖流）向西流动，遇大陆后，一部分海水因信风切应力南北向速度分量不均和补偿作用而折回，便形成了自西向东的赤道逆流和赤道潜流；另一部分信风漂流向高纬地区的南北分流，在北太平洋形成黑潮即日本暖流、在南太平洋形成东澳大利亚洋流、在南大西洋形成巴西洋流、在北大西洋形成北大西洋湾流、在南印度洋形成莫桑比克洋流。

西风带作用下的西风漂流向东流动，遇大陆后，向两侧的高纬低纬分流，

71

形成补偿流，向低纬流的洋流有：北太平洋的加利福尼亚洋流、南太平洋的秘鲁洋流、北大西洋的加那利洋流、南大西洋的本格拉洋流、南印度洋的西澳大利亚洋流。

信风漂流遇大陆后向高纬转向的补偿流、西风漂流、西风漂流遇大陆后向低纬转向的补偿流，便构成各大洋副热带海区（仅指大洋的如下海区：北太平洋、南太平洋、北大西洋、南大西洋、南印度洋）的反气旋型大洋环流。

由西风漂流、西风漂流遇到陆地后向北分支形成的补偿流、极地东风带形成的中高纬大洋西岸的洋流组成北半球中高纬海区的气旋型大洋环流。

该环流在北太平洋上有：北太平洋暖流、阿拉斯加洋流、千岛寒流；在北大西洋上有：北大西洋暖流、挪威暖流、东格陵兰寒流。

北印度洋季风漂流：北印度洋受南亚季风的影响，冬半年盛行东北季风，形成东北季风漂流，夏半年盛行西南季风，形成西南季风漂流。

在极地东风带的吹拂下形成环绕南极洲大陆一周的南极绕极环流，再往低纬方向为环绕南极大陆一周的西风漂流。

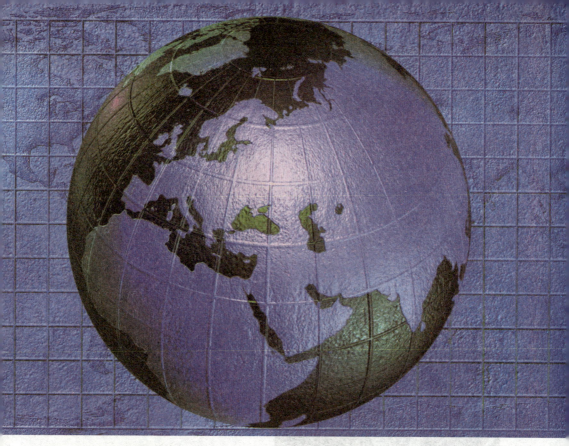

洋流对气候的影响 〉

  总体来说，暖流增加温度和湿度，寒流降低温度和湿度。

  对气温的影响：洋流使低纬度的热量向高纬度的热量传输，特别是暖流的贡献。洋流对同纬度大陆两岸气温的影响：暖流经过的大陆沿海气温高，寒流经过的大陆沿海气温低。

  对降水和雾的影响：暖流上空有热量和水汽向上输送，使得层结不稳定、空气湿度增大而易产生降水。而寒流产生逆温，层结稳定，水汽不易向上输送，蒸发又弱，下层相对湿度有时虽然很大，但只能成雾，不能成雨。寒流表面多平流雾，在以下几种情况出现：海陆风雾：陆风在白天流到寒流表面而形成平流雾；海雾：在寒暖流交汇处，风自暖流表面吹至寒流表面而形成平流雾。

洋流对海洋生物的影响 ＞

寒暖流交汇的海区，海水受到扰动，可以将下层营养盐类带到表层，有利于鱼类大量繁殖，为鱼类提供诱饵；两种洋流还可以形成"水障"，阻碍鱼类活动，使得鱼群集中，往往形成较大的渔场，世界四大渔场及其洋流成因如下：北海道渔场：位于日本北海道岛附近，日本暖流和千岛寒流交汇。北海渔场：位于欧

洲北海，北大西洋暖流与极地东风带带来的北冰洋南下冷水交汇。秘鲁渔场：海岸盛行东南信风，为离岸风，导致上升补偿流（亦称涌流）。纽芬兰渔场：加拿大纽芬兰岛附近，墨西哥湾暖流和拉布拉多寒流交汇。

在太平洋东部赤道地区的科隆群岛（又名加拉帕戈斯群岛）有企鹅分布，也是秘鲁寒流的缘故。

科隆群岛

洋流发电 >

在海洋运动中,洋流对地球的气候和生态平衡扮演着重要的角色。洋流循着一定的路线周而复始地运动着,其规模比起陆地上的巨江大川则要大出成千上万倍。海水流动可以推动涡轮机发电,为人们输送绿色能源。中国的洋流能源也很丰富,沿海洋流的理论平均功率为1.4亿千瓦。

在所有的洋流中,有一条规模十分巨大、堪称洋流中的"巨人",这就是著名的美国墨西哥湾流。它宽60千米—80千米,厚700米,总流量达到7400万立方米/秒—9300万立方米/秒,比世界第二大洋流——北太平洋上的黑潮要大将近1倍,比陆地上所有河流的总量则要超出80倍。若与我国的河流相比,它大约相当于长江流量的2600倍,或黄河的57000倍。墨西哥湾流与北大西洋洋流和加那利洋流共同作用,调节西欧与北欧的气候。

美国伍兹霍尔海洋研究所的研究人员指出,墨西哥湾流受到风力、地球自转和朝向北极前进的热量所驱使,所带来的能量等同于美国发电能力的2000倍。若能成功利用这股强大的洋流,驱动设置在海底的涡轮发电机,就足以产生相当10座核能发电厂的电能,供应佛罗里达州三分之一的电力需求。

水下发电机

75

● 海洋生物

海洋生物是指海洋里的各种生物,包括海洋动物、海洋植物、微生物及病毒等,其中海洋动物包括无脊椎动物和脊椎动物。无脊椎动物包括各种螺类和贝类。脊椎动物包括各种鱼类和大型海洋动物,如鲸鱼、鲨鱼等。海洋生物富含易于消化的蛋白质和氨基酸。食物蛋白的营养价值主要取决于氨基酸的组成,海洋中鱼、贝、虾、蟹等生物蛋白质含量丰富,富含人体所必需的9种氨基酸,尤其是赖氨酸含量更比植物性食物高出许多,且易于被人体吸收。

兽中之"王"——蓝鲸 〉

　　蓝鲸是人类已知的世界上最大的动物，全身呈蓝灰色。目前捕到最大蓝鲸的时间是1904年，地点在大西洋的福克兰群岛附近。这条蓝鲸长33.5米，体重195吨相当于35头大象的重量。它的舌头重约3吨，它的心脏重700千克，肺重1500千克，血液总重量约为8吨—9吨，肠子有半里路长。这样大的躯体只能生活在浩瀚的海洋中。

　　蓝鲸是地球上首屈一指的巨兽，论个头堪称兽中之"王"。蓝鲸还是绝无仅有的大力士。一头大型蓝鲸所具有的功率可达1700马力，可以与一辆火车头的力量相匹敌。它能拖拽800马力的机船，甚至在机船倒开的情况下，仍能以每小时4海里—7海里的速度跑上几个小时。蓝鲸的游泳速度也很快，每小时可达15海里。蓝鲸有一个扁平而宽大的水平尾鳍，这是它前进的原动力，也是上下起伏的升降舵。由前肢演变而来的两个鳍肢，保持着身体的平衡，并协助转换方向，这使它的运动既敏捷又平稳。

潜水冠军——抹香鲸 〉

抹香鲸头重尾轻，宛如一只巨大的蝌蚪，头部占去全身的三分之一，看上去像个大箱子。鼻孔也很特殊，只有左鼻孔畅通，且位于左前上方；右鼻孔堵塞。所以，它呼气时喷出的雾柱是以45°角向左前方喷出的。虽然抹香鲸的牙齿很大，足有20多厘米长，每侧有40枚—50枚，却是只有下颌有牙齿，而上颌只有被下颌牙齿"刺出"的一个个的洞。抹香鲸比蓝鲸还要厉害，猎物一旦被它咬住就难以脱身。它最喜欢吃的食物是深海大王乌贼。

在所有鲸类中，以抹香鲸的潜水最深，可达2200米。抹香鲸的经济价值很高，巨大的"头箱"中盛有一种特殊的鲸蜡油，过去人们误以为是脑子里流出来的，所以叫它"脑油"。其实"脑油"与脑无关，这是一种用处很大的润滑油，许多精密仪器，如手表、天文钟甚至火箭，都离不了它。著名的龙涎香就是这种鲸肠道里的异物，这是一种极好的保香剂，抹香鲸的名字也是由此而来的。

横行的暴徒——虎鲸 ＞

虎鲸也属于齿鲸类。它体长近10米，重7吨—8吨，雌的略小一些，也有6米—8米。

虎鲸胆大而狡猾，且残暴贪食，是辽阔海洋里"横行不法的暴徒"。虎鲸的英文名称有杀鲸凶手之意。不少人在海上屡屡目睹虎鲸袭击海豚、海狮以及大型鲸类的惊心动魄的情景。

虎鲸的口很大，上、下颌各有二十几枚10厘米—13厘米长的锐利牙齿，大嘴一张，尖齿毕露，更显出一副凶神恶煞的样子。牙齿朝内后方弯曲，上下颌齿互相交错搭配，与人的两手手指交叉搭在一起的形式相似。这不仅使被擒之物难逃其口，而且还会撕裂、切割猎物。虎鲸很好辨认。在它的眼后方有两个卵形的大白斑，远远看去，宛如两只大眼睛；其体侧还有一块向背后方向突出的白色区域，使它独具一格。

虎鲸身体强壮，行动敏捷，游泳迅速，每小时可达30海里。游泳时，雄鲸高达1.8米的背鳍突出于水面上，颇与一种古代武器——"戟"倒竖于海面的形状相似，虎鲸因此而另有"逆戟鲸"和海中之虎的别名。

有牙的鲸——齿鲸 〉

齿鲸类的体形变异比较大，最小的种类体长仅有1米左右，最大则在20米以上。口中具有圆锥状的牙齿，但不同种类牙齿的形状、数目相差也很大，最少的仅具1枚独齿，最多的则有数十枚，有的还隐藏在齿龈中不外露，所以也是进行分类的重要依据之一。外鼻孔只有1个，因此呼吸换气时只能喷出一股水柱。头骨左右不对称。鳍肢上具有5指。胸骨较大。没有锁骨。没有盲肠。主要以乌贼、鱼类等为食，有的还能捕食海鸟、海豹以及其他鲸类等大

鼠海豚科

型动物。齿鲸类在全世界共有河豚科、抹香鲸科、剑吻鲸科、一角鲸科、尖嘴海豚科、鼠海豚科、海豚科和领航鲸科等8个科，大约34属、72种。

海中智叟——海豚 ＞

海豚也是一种小型齿鲸动物。

过去人们常说，在动物界中猴子是最聪明的动物。但事实证明，海豚比猴子还要聪明。有些技艺，猴子要经过几百次训练才能学会，而海豚只需二十几次就能学会。如果用动物的脑占身体重量的百分比来衡量动物的聪明程度，那么海豚仅次于人，而猴子名列第三。

海豚经过训练后，不仅可以表演各种技艺，例如顶球、钻火圈等而且在人的特殊训育下，它们可以充当人的助手，戴上抓取器可以潜至海底打捞沉入海底中的物品，如实验用的火箭、导弹等，或给从事水下作业的人员传递信息和工具，还能进行军事侦察，甚至充当"敢死队"，携带炸药和弹头冲击敌舰或炸毁敌方水下导弹发射装置。

貌似家犬的海豹 〉

在海滨公园的海豹池中，海豹整日游泳戏水生动活泼，实在逗人喜爱。若加以训练，它还会表演玩球等节目。海豹身体浑圆，形如纺锤，体色斑驳，毛被稀疏，皮下脂肪很厚，显得膘肥体胖。两只后脚向后伸，犹如潜水员的两只脚蹼。游起泳来，两脚在水中左右摆动，推动身体迅速前进。从海豹的头部看，貌似家犬，因而不少地区称其为海狗。有时它爬到礁石上，这时它的动作就显得格外笨拙，善于游泳的四肢只能起支撑作用。海豹爬行的动作非常有趣，因此常引起观者的朗朗笑声。

海豹的身体不大，仅有1.5米—2.0米长，最大的个体重150千克，雌兽略小，重约120千克。

在自然条件下，海豹有时在海里游荡，有时上岸休息。上岸时多选择海水涨潮能淹没的内湾沙洲和岸边的岩礁。例如，在我国的辽宁盘山河口及山东庙岛群岛等地屡见有大群海豹出没。海豹的潜水本领很高，一般可潜到100米左右，在水深的海域还可潜到300米，在水下可持续23分钟。它的游泳速度也很快，一般可达每小时27千米。海豹主要捕食各种鱼类和头足类，有时也吃甲壳类。它的食量很大，一头60千克—70千克重的海豹，一天要吃7千克—8千克鱼。海豹的后肢却是向后伸，不能朝前弯曲，故不能在陆地上步行。

深海打捞员——海狮 〉

海狮吼声如狮，且个别种颈部长有鬃毛，又颇像狮子，故而得名。它的四脚像鳍，很适于在水中游泳。海狮的后脚能向前弯曲，使它既能在陆地上灵活行走，又能像狗那样蹲在地上。虽然海狮有时上陆，但海洋才是它真正的家，只有在海里它才能捕到食物、避开敌人，因此一年中的大部分时间，它们都在海上巡游觅食。

海狮主要以鱼类和乌贼等头足类为食。它的食量很大，如身体粗壮的北海狮，在饲养条件下一天喂鱼最多达40千克，一条1.5千克重的大鱼它可一吞而下。若在自然条件下，每天的摄食量要比在饲养条件下增加2倍—3倍。

海狮也是一种十分聪明的海兽。经人调教之后，能表演顶球、倒立行走以及跳跃距水面1.5米高的绳索等技艺。海狮对人类帮助最大的莫过于替人潜至海底打捞沉入海中的东西。自古以来，物品沉入海洋就意味着有去无还，可是在科学发达的今天，一些宝贵的试验材料必须找回来，比如从太空返回地球而又溅落于海洋里的人造卫星，以及向海域所做的发射试验的溅落物等。当水深超过一定限度，潜水员也无能为力。可是海狮却有着高超的潜水本领，人们求助它来完成一些潜水任务。例如，美国特种部队中一头训练有素的海狮在1分钟内能将沉入海底的火箭取上来，人们付给它的"报酬"却只是一点乌贼和鱼。这真是一本万利的好生意！

不食肉的海兽——儒艮 〉

在我国广东、广西、台湾等省沿海生活着一种海兽，叫儒艮。它的名字是由马来语直接音译而来的，也有人称它为"南海牛"，它与海牛目的其他动物如海牛的最大区别在于：海牛的尾部呈圆形，而儒艮尾部形状与海豚尾部相似。除我国外，儒艮还分布于印度洋、太平洋周围的一些国家。有人说它是海洋中的美人鱼。

儒艮是海洋中唯一的草食性哺乳动物，一点也不凶。儒艮以海藻、水草等多汁的水生植物以及含纤维的灯心草、禾草类为食，但凡水生植物它基本上都能吃。儒艮每天要消耗45千克以上的水生植物，所以它有很大一部分时间用在摄食上。儒艮体长3米左右，体重达400千克左右，行动迟缓，从不远离海岸。它的游泳速度不快，一般每小时2海里左右，即便是在逃跑时，也不过5海里。

儒艮体色灰白，体胖臃肥，油可入药，肉味鲜美，皮可制革。正因为如此，所以屡遭人类杀戮，如不严加保护，它们就有灭顶之灾。因此，儒艮已被列为国家一级保护动物。

海蛇 〉

海蛇是一类终生生活于海水中的毒蛇。海蛇的鼻孔朝上，有瓣膜可以启闭，吸入空气后，可关闭鼻孔潜入水下达10分钟之久。身体表面有鳞片包裹，鳞片下面是厚厚的皮肤，可以防止海水渗入和体液的丧失。舌下的盐腺，具有排出随食物进入体内的过量盐分的机能。小海蛇体长半米，大海蛇可达3米左右。它们栖息于沿岸近海，特别是半咸水河口一带，以鱼类为食。除极少数海蛇产卵外，其余均产仔，为卵胎生。

我国有海蛇19种，广泛分布于广东、广西、福建、台湾、浙江、山东、辽宁等省的沿岸近海。常见的有青环海蛇、平颏海蛇和长吻海蛇。海蛇可供药用，具有祛风止痛、活血通络、滋补强身的功效。

海龟 〉

海龟是海洋龟类的总称。生活在我国海洋中的海生龟类有5种（全世界也只有7种），主要分布在西沙群岛和广东省惠东县港口，其次在海南省三亚市郊沿海和陵水县沿海。中国海记录的海龟有棱皮龟、海龟、蠵龟、玳瑁和丽龟等5种，都是国家级保护动物。

海龟是现今海洋世界中躯体最大的爬行动物。其中个体最大的要算是棱皮龟了。它最大体长可达2.5米，体重约1000千克，堪称海龟之王。

海龟的祖先远在2亿多年以前就出现在地球上。古老的海龟和不可一世的恐龙一同经历了一个繁荣昌盛的时期。后来地球几经沧桑巨变，恐龙相继灭绝，海龟也开始衰落。但是，海龟凭借那坚硬的背甲所构成的龟壳的保护战胜了大自然给它们带来的无数次厄运，顽强地生存了下来。海龟步履艰难地走过了2亿多年的漫长历史征程，依然一代又一代地生存和繁衍下来，真可谓是名副其实的古老、顽强而珍贵的动物。

弹涂鱼

会爬树的鱼

　　鱼类在水中生活的主要呼吸器官是鳃。鱼儿离开水，鳃丝干燥，彼此粘接，停止呼吸，生命也就停止了。然而，在我国沿海生活着一种能够适应两栖生活的弹涂鱼。

　　弹涂鱼体长10厘米左右，略侧扁，两眼在头部上方，似蛙眼，视野开阔。它的鳃腔很大，鳃盖密封，能贮存大量空气。腔内表皮布满血管网，起呼吸作用。它的皮肤亦布满血管，血液通过极薄的皮肤，能够直接与空气进行气体交换。其尾鳍在水中除起鳍的作用外，还是一种辅助呼吸器官。这些独特的生理现象使它们能够离开水，较长时间在空气中生活此外，弹涂鱼的左右两个腹鳍合并成吸盘状，能吸附于其他物体上。发达的胸鳍呈臂状，很像高等动物的附肢。遇到敌害时，它的行动速度比人走路还要快。生活在热带地区的弹涂鱼，在低潮时为了捕捉食物，常在海滩上跳来跳去，更喜欢爬到红树的根上面捕捉昆虫吃。因此，人们称之为"会爬树的鱼"。

神奇的"魔鬼鱼" >

"魔鬼鱼"是一种庞大的热带鱼类，学名叫前口蝠鲼。它的个头和力气常使潜水员害怕，因为它发起怒来，只需用它那强有力的"双翅"一拍，就会碰断人的骨头，置人于死地。所以人们叫它"魔鬼鱼"。有的时候蝠鲼用它的头鳍把自己挂在小船的锚链上，拖着小船飞快地在海上跑来跑去，使渔民误以为这是"魔鬼"在作怪，实际上是蝠鲼的恶作剧。

"魔鬼鱼"喜欢成群游泳，有时潜栖海底，有时雌雄成双成对升至海面。在繁殖季节，蝠鲼有时用双鳍拍击水面，跃起腾空，能跃出水面，在离水一人多高的上空"滑翔"，落水时，声响犹如打炮，波及数里，非常壮观。

蝠鲼看上去令人生畏，其实它是很温和的，仅以甲壳动物或成群的小鱼小虾为食。在它的头上长着两只肉足，是它的头鳍，头鳍翻着向前突出，可以自由转动，蝠鲼就是用这对头鳍来驱赶食物，并把食物拨入口内吞食。

能发电和发射电波的鱼 〉

在鱼类王国里有一类是会发电的或会发射无线电波的鱼，它们猎食和御敌的方法是十分巧妙的。

在浩瀚的海洋里生活着会发电的电鳐，它的发电器是由鳃部肌肉变异而来的。在头部的后部和肩部胸鳍内厕，左右各有一个卵圆形的蜂窝状的大发电器。每个发电器官最基本结构是一块块小板——电板(纤维组织)，约40个电板上下重叠起来，形成一个个六角形的柱状管，每侧有600个管状物，称为电函管。其内充填有胶质物，故肉眼观察为半透明的乳白色，与周围粉红色肌肉显然不同。每块电板具有神经末梢的一面为负极，另一面为正极，电流方向由腹方向背方，放电量70伏特—80伏特，有时能达到100伏特，每秒放电150次。人们解剖电鳐时，发现其胃内有完整的鳗鱼、比目鱼和鲑鱼，这是电鳐放电把活动力强的鱼击昏然后吞食之。因此，电鳐有"海底电击手"之称。

除电鳐外，刺鳐、星鳐、何氏鳐、中国团扇鳐等均具有较弱的发电器官。瞻星鱼发电器位于眼后，呈卵圆形，发电量可达50伏特。另外，还有电鳗也可发电。

电鳗

电鳐

89

电鲶

会发声的鱼 〉

　　一般人都以为鱼类全是哑巴，显然这是不对的。许多鱼类会发出各种令人惊奇的声音。例如：康吉鳗会发出"吠"音；电鲶的叫声犹如猫怒；箱鲀能发出犬叫声；鲂鮄的叫声有时像猪叫，有时像呻吟，有时像鼾声；海马会发出打鼓似的单调音。石首鱼类以善叫而闻名，其声音像辗轧声、打鼓声、蜂雀的飞翔声、猫叫声和呼哨声，其叫声在生殖期间特别常见，目的是为了集群。

　　鱼类发出的声音多数是由骨骼摩擦、鱼鳔收缩引起的，还有的是靠呼吸或肛门排气等发出种种不同声音。有经验的渔民能够根据鱼类所发出声音的大小来判断鱼群数量的大小，以便下网捕鱼。象鼻鱼也是。

海马

海中霸王鲨鱼 〉

在浩瀚的海洋里，被称为"海中霸王"的鲨鱼遍布世界各大洋，在中国海就有70多种（全世界约有350种）。大部分鲨鱼对人类有利而无害，只有30多种鲨鱼会无缘无故地袭击人类和船只。鲨鱼的确有吃人的恶名，但并非所有的鲨鱼都吃人。

鲨鱼的鼻孔位于头部腹面口的前方，有的具有口鼻沟，连接在鼻口隔之间，嗅囊的褶皱增加了与外界环境的接触面积。有人测定，1米长的鲨鱼的嗅膜总面积可达4842平方厘米，因此鲨鱼的嗅觉非常灵敏，在几千米之外它就能闻到血腥味，海中的动物一旦受伤，往往会受到鲨鱼的袭击而丧生。

鲨鱼一般只吃活食，有时也吃腐肉，食物以鱼类为主。有人在鼬鲨胃中发现了海豚、水禽、海龟、蟹和各种鱼类等；在噬人鲨胃中曾取出一头非常大的海狮；双髻鲨的食物是鱼和蟹；护士鲨、星鲨的饵料以小鱼、贝类、甲壳类为主。

鲨鱼在寻找食物时，通常一条或几条在水中游弋，一旦发现目标就会快速出击吞食之。特别是在轮船或飞机失事有大量食饵落水时，它们群集而至，处于兴奋狂乱状态的鲨鱼几乎要吃掉所遇到的一切，甚至为争食而相互残杀。

鲨鱼属于软骨鱼类，身上没有鱼鳔，调节沉浮主要靠它很大的肝脏。例如，在南半球发现的一条3.5米长的大白鲨，其肝脏重量达30千克。科学家们的研究表明，鲨鱼的肝脏依靠比一般甘油三酸酯轻得多的二酰基甘油醚的增减来调节浮力。

鲨鱼虽然凶猛，面目可憎，但全身都是宝，是重要的经济鱼类。鲨鱼的肝脏特别大，富含维生素A和维生素D，是制作鱼肝油的重要原料；鲨鱼皮可以制革，其鳍即是海味珍品——鱼翅。鲨鱼还可作药用。据科学家研究发现鲨鱼极少患癌症，即使把最可怕的癌细胞移植到鲨鱼体内，鲨鱼仍安然无恙。因为它的细胞会分泌一种物质，这种物质不仅能抑制癌物质，而且还能使癌物质逆转。

海中鸳鸯蝴蝶鱼 >

当人们见到陆地上飞舞的蝴蝶时会赞声不绝，而蝴蝶鱼的美名，就是因为这种鱼犹如美丽的蝴蝶。人们若要在珊瑚礁鱼类中选美的话，那么最富绮丽色彩和引人遐思的当首推蝴蝶鱼了。

蝴蝶鱼俗称热带鱼，是近海暖水性小型珊瑚礁鱼类，最大的可超过30厘米，如细纹蝴蝶鱼。蝴蝶鱼身体侧扁适宜在珊瑚丛中来回穿梭，它们能迅速而敏捷地消逝在珊瑚枝或岩石缝隙里。蝴蝶鱼吻长口小，适宜伸进珊瑚洞穴去捕捉无脊椎动物。

蝴蝶鱼生活在五光十色的珊瑚礁礁盘中，具有一系列适应环境的本领，其艳丽的体色可随周围环境的改变而改变。蝴蝶鱼的体表有大量色素细胞，在神经系统的控制下，可以展开或收缩，从而使体表呈现不同的色彩。通常一尾蝴蝶鱼改变一次体色要几分钟，而有的仅需几秒钟。

许多蝶蝴鱼有极巧妙的伪装，它们常把自己真正的眼睛藏在穿过头部的黑色条纹之中，而在尾柄处或背鳍后留有一个非常醒目的"伪眼"，常使捕食者误认为是其头部而受到迷惑。当敌害向其"伪眼"袭击时，蝴蝶鱼剑鳍疾摆，逃之夭夭。

蝴蝶鱼对爱情忠贞专一，大部分都成双入对，好似陆生鸳鸯，它们成双成对在珊瑚礁中游弋、戏耍，总是形影不离。当一尾进行摄食时，另一尾就在其周围警戒。蝴蝶鱼由于体色艳丽，深受我国观赏鱼爱好者的青睐。它们在沿海各地的水族馆中被大量饲养。

珊瑚鱼色彩与求生伪装 〉

　　美丽的珊瑚礁吸引着众多的海洋动物竞相在这里落户。据科学家们估计，一个珊瑚礁可以养育400种鱼类。在弱肉强食的复杂海洋环境中，珊瑚鱼的变色与伪装，目的是为了使自己的体色与周围环境相似，达到与周围物体乱真的地步，在亿万种生物的顽强竞争中，赢得了自己生存的一席之地。

　　刺盖鱼俗称神仙鱼，是珊瑚鱼中最华丽的鱼。因为它们生活在比蝴蝶鱼更深而且较暗的环境中，故需展现出更加鲜明的色彩。它们中的许多鱼，在幼鱼的变态发育过程中，幼鱼与成鱼形态和色彩截然不同，同一种鱼往往容易被误认为是两种鱼。

　　甲尻鱼的身体呈土黄色，体侧有8条具有黑色边缘的蓝紫色横带，好似陆生的斑马，俗称斑马鱼。另一种神仙鱼，身上的花纹好似小虫蛀成，黑色粗纹把眼睛巧妙伪装起来，若不仔细看，很难发现它是一条鱼。

　　石斑鱼不喜欢远游，它们喜欢栖息在珊瑚礁的岩洞或珊瑚枝头下面。它们是化妆高手，可以有8种体色变化，往往顷刻之间便可判若两鱼。它们具有与环境相配合的斑点和彩带，在洞隙中静观动静，遇有可食之物，便迅速游出捕捉它。

　　淡抹粉装的粗皮鲷大都以海藻为生，体色与海藻颜色相似，身体的尾柄处长着一块突起的骨状物，像把手术刀，这是它们求生的武器，常用其尾鞭挞敌人，

93

使敌害受到严重创伤。

在珊瑚礁的海藻丛中常生活着一种䲁鱼，它形成保护色和拟态，其体色和体态都与周围的海藻色相似，将身体全部隐藏在海藻丛中，只露出由第一背鳍演变成的吻触手，触手端部长穗状，形似"钓饵"，用以引诱小鱼小虾。

有美就有丑，在珊瑚礁中有一种看了令人生畏的玫瑰毒鲉，其长相丑陋，体色灰暗，间有红色斑点。它常隐伏于珊瑚礁或海藻丛中，活像海底的一块礁石或一团海藻，小鱼小虾游近身边，被其背棘、头棘刺中，便会立即死亡，成为其果腹之物。最剧毒的毒鲉，人被其刺伤，若不及时抢救，4个小时之内亦会死亡。

生活在海藻丛中的叶海马，身上长有各种类似海藻的叶片状突起，若不仔细观察，你还会认为这是一片海藻呢！

生活在热带红树林之间的蝙蝠鱼，往往像一片红树叶，常懒洋洋地在水中漂浮或装死，人们误以为是一片红树叶，但只要你一动它，它便迅速地游走了。

在礁盘上的小丑鱼，常与大海葵共栖，色彩艳丽的小丑鱼常外出引来其他小鱼小虾，这些小鱼小虾被大海葵触手中的刺细胞刺中便被麻痹，进而被卷入口中吞食。一旦遇险，小丑鱼便钻入大海葵的触手丛中，在理想的防空洞中受到保护。

会发光的鱼 〉

在海洋世界里，无论是广袤无际的海面，还是万米深渊的海底都生活着形形色色、光怪陆离的发光生物，宛如一座奇妙的"海底龙宫"，整夜鱼灯虾火通明。正是它们给没有阳光的深海和黑夜笼罩的海面带来光明。事实上，在黑暗层至少有44%的鱼类具备自身发光的本领，以便在长夜里能够看见其他物体，方便捕食，寻找同伴和配偶。有些鱼类发光，例如我国东南沿海的带鱼和龙头鱼是由身上附着的发光细菌所发出的光，而更多的鱼类发光则是由鱼本身的发光器官所发出的光。

烛光鱼其腹部和腹侧有多行发光器，犹如一排排的蜡烛，故名烛光鱼。深海的光头鱼头部背面扁平，被一对很大的发光器覆盖，该大型发光器可能就起视觉的作用。

鱼类发光是由一种特殊酶的催化作用而引起的生化反应。发光的萤光素受到萤光酶的催化作用，萤光素吸收能量，变成氧化萤光素，释放出光子而发出光来。这是化学发光的特殊例子，即只发光不发热。有的鱼能发射白光和蓝光，另一些鱼能发射红、黄、绿和鬼火般的微光，还有些鱼能同时发出几种不同颜色的光，例如，深海的一种鱼具有大的发光颊器官，能发出蓝光和淡红光，而遍布全身的其他微小发光点则发出黄光。

鱼类发光的生物学意义有4点：一是诱捕食物，二是吸引异性，三是种群联系，四是迷惑敌人。

形态奇特的翻车鱼 〉

翻车鱼长得很离奇，它体短而侧扁，背鳍和臀鳍相对而且很高，尾鳍很短，看上去好像被人用刀切去一样。因此，它的普通名称也叫头鱼。

翻车鱼游泳速度缓慢。它生活在热带海中，身体周围常常附着许多发光动物。它一游动，身上的发光动物便会发出明亮的光，远远看去像一轮明月，故又有"月亮鱼"的美名。翻车鱼这种头重脚轻的体型很适宜潜水，它常常潜到深海捕捉深海鱼虾为食。

翻车鱼既笨拙又不善游泳，常常被海洋中其他鱼类、海兽吃掉。而它不致灭绝的原因是其具有强大的生殖力，一条雌鱼一次可产3亿个卵，在海洋中堪称是最会生孩子的鱼妈妈了。

翻车鱼遍布世界各大洋，我国沿海有3种翻车鱼，即翻车鱼、黄尾翻车鱼、矛尾翻车鱼。

节肢动物中的活化石——鲎 〉

鲎（音hòu）的长相既像虾又像蟹，人称之为"马蹄蟹"，是一类与三叶虫（现在只有化石）一样古老的动物。

鲎的祖先出现在地质历史时期古生代的泥盆纪，当时恐龙尚未崛起，原始鱼类刚刚问世，随着时间的推移，与它同时代的动物或者进化、或者灭绝，而唯独鲎从4亿多年前问世至今仍保留其原始而古老的相貌，所以鲎有"活化石"之称。

每当春夏季鲎的繁殖季节，雌雄一旦结为夫妻，便形影不离，肥大的雌鲎常驮着瘦小的丈夫蹒跚而行。此时捉到一只鲎，提起来便是一对，故鲎享"海底鸳鸯"之美称。

鲎有4只眼睛。头胸甲前端有0.5毫米的两只小眼睛，小眼睛对紫外光最敏感，说明这对眼睛只用来感知亮度。在鲎的头胸甲两侧有一对大复眼，每只眼睛是由若干个小眼睛组成。人们发现鲎的复眼有一种侧抑制现象，也就是能使物体的图像更加清晰，这一原理被应用于电视和雷达系统中，提高了电视成像的清晰度和雷达的显示灵敏度。为此，这种亿万年默默无闻的古老动物一跃而成为近代仿生学中一颗引人瞩目的"明星"。

鲎的血液中含有铜离子，它的血液是蓝色的。这种蓝色血液的提取物——"鲎试剂"，可以准确、快速地检测人体内部组织是否因细菌感染而致病；在制药和食品工业中，可用它对毒素污染进行监测。

此外，鲎的肉、卵均可食用。

肉味鲜美的虾蟹 〉

虾蟹是节肢动物的另一家族，同属于甲壳纲的十足目。这类动物与人类有着十分密切的关系，有些是主要的水产养殖或捕捞对象，其中尤以虾、龙虾和蟹等在我国海洋渔业捕获物中产量大，特别是对虾、毛虾、梭子蟹等，营养丰富，产值很高，地位更为重要。我国的虾蟹种类非常多，通过大量的调查研究，目前已发现的有1000多种，其中虾类400多种、蟹类600多种。

对虾是我国沿海的重要虾类，因它主要产于黄海、渤海，是黄海、渤海的海鲜特产，所以被人们视为"黄海、渤海的珍品"。生活在我国南海的斑节对虾，大

的个体一个就有0.5千克重。体长达40厘米左右的龙虾，个体通常重1千克—1.5千克，大的可达3千克—4千克，最大的可达5千克，堪称"虾中之王"。

在我国海洋里，蟹的种类也特别多，有肉细味美的梭子蟹，有行走如飞的沙蟹，有能上树的椰子蟹，还有背甲沟纹似关公脸谱的关公蟹等等。但是，蟹中之王却是生活在日本海和白令海的高脚蟹。高脚蟹的身体有30多厘米长，一条腿就有1.5米左右，两边的腿伸直了差不多有4米，体重约7千克是世界上最大的蟹。

人们只知道虾、蟹的肉味鲜美，而对它的甲壳却弃而不用，这是一种极大的浪费。要知道，从虾、蟹的甲壳中能提取许多有用的东西。例如，用虾、蟹的壳可以制成很好的纺织品浆料，这种用"虾皮蟹盖"制成的浆料，颜色鲜明，不易被水洗掉，而且成本低，可以节约大量面粉。此外，还可以从富含几丁质的甲壳中提取用途广泛的几丁胺，几丁胺具有吸附作用，是净化水质的一种沉降吸咐剂。几丁胺还可以制成医用手术缝合线，这种缝合线具有不会感染，能够被人体吸收而不用拆线等优点。

体色变换的招潮蟹 ＞

当我们来到海边的时候，可能会遇到一种奇怪的小蟹。蟹体的2只螯长得很不对称，一只又粗又大，另一只又细又小。每当潮水退落，它便爬出洞穴，在露出水面的海滩上来回奔跑觅食。每当潮水滚滚上涨，快要淹没它的老巢时，它又躲进洞里，在洞口高举着那只粗壮有力的大螯，好像在招手示意，欢迎潮水的到来，所以人们称它为"招潮蟹"。这种蟹的体色能昼夜变化。白天，它是黑色的，如果在显微镜下观察，可以看到它细胞里的色素向四处扩散，犹如撑开的大黑伞一样。到了夜间，色素颗粒收缩成一团，于是体色变浅，成为青灰色。

99

擅长伪装的虾蟹 >

在海边潮间带常可抓到一种头胸甲好似京戏中关公脸谱的蟹，名为关公蟹。关公蟹常用足抓住石块或树叶，把自己身体遮盖住，以便把自己巧妙地伪装起来而避开敌害。

蜘蛛蟹长相丑陋，为何在头胸甲上或大螯上戴上几朵艳丽的鲜花？不，那不是花，那是海葵，俗称"海菊花"。蜘蛛蟹靠触手上有毒的海葵来保护自己，以避敌害，同时也可美化自己丑陋的身躯。

有一种海绵动物常附着在寄居蟹的贝壳上，海绵长满贝壳，只留下壳口让寄居蟹自由进出，寄居蟹便靠海绵分泌的臭味来御敌。

背腹扁平、全身披盔戴甲的虾蛄，色彩斑斓，十分好看，长着一对酷似螳螂的大螯，俗称"螳螂虾"。见到深夜在静静的海底观察动静、伺机捕食的虾蛄，就会使人联想起静伏山岗、只待一跃而起的狮虎。虾蛄平时喜欢穴居于泥沙质的浅海底，常只露出头用来观察敌情，一旦猎物靠近便伸出双钳迅速出击，只听"喀嚓"一声便可将猎物一分为二，显示了虾蛄凶狠、残暴的面貌。

它不仅善于"力擒"而且懂得"智取"，它往往把自己的洞穴变成一个隐蔽的场所，甚至不辞劳苦，从远处搬来沙、石在自己居住的沙穴旁筑起几条回旋的通道，一旦海底动物闯进犹如陷进迷宫，自投罗网。

蛙形蟹的外形像一只青蛙，常把自己掩埋在泥沙里，只露出两只眼睛观察动静，寻觅食物。

蜘蛛蟹

附着力强的藤壶 >

当我们在海滨漫步时，就会看到岩石上一簇簇灰白色、有石灰质外壳的小动物，这些小动物是节肢动物大家族中又一分支，叫藤壶。藤壶的形状有点像马的牙齿，所以生活在海边的人们常叫它"马牙"。藤壶不但附着在礁石上，而且还能固着在船体上，任凭惊涛骇浪的打击也冲刷不掉。

它们为什么能牢牢地附着在岩礁和船体上呢？这是因为藤壶在每一次蜕皮之后，就要分泌一圈黏性的藤壶初生胶，这种胶含有多种生化成分和极强的黏着力。目前，藤壶的这种奇特黏着力已引起人们的关注。一旦开发成功，这种"藤壶"黏合剂，将在水下抢险补漏工作中大显威力。

101

海兔 〉

有一种叫海粉的海产品，它不仅是消炎退热的良药，而且含有丰富的营养，是我国东南沿海居民所喜爱的大众化食品。海粉是什么东西呢？原来它是一种贝类所产的卵，这种贝类就是海兔。

从外表看，海兔的体形确实像一只兔子，所以它就获得了这个名称。海兔的头部有两对触角，前边的一对较短，是专司触觉的器官；后边的一对较长，是专司嗅觉的器官。在海兔爬行时，后边的一对触角向前及两侧伸展；在休息时，则直向上伸展，恰似兔子的两只耳朵。

海兔的足很发达，其后侧部向背部延伸，形成包被内脏囊的侧足。它利用发达的足部在海滩上或在水面下悬浮爬行，有时还可以利用侧足的运动做很短时间的游泳。

海兔的贝壳很不发达，是一个薄而透明、仅具一层角质层而且没有螺旋的贝壳。这个贝壳完全覆盖在外套膜之下，从外表根本看不到。

海兔是在浅海生活的贝类，喜欢生活在海水清澈、潮流较通畅的海湾，在低潮线附近的海藻间最多。它们以各种海藻为食，体色和花纹与栖息环境中的海藻极为相似，这样就可以很好地隐蔽起来，使敌人不能发现。特别是海兔对它周围环境的颜色有很好的适应能力。当它食用某种海藻之后不久，就能很快地改变为这种海藻的颜色。例如：有一种海兔，小的时候以红藻为食，体色为玫瑰红色；大的时候，以海带为食的体色变为褐色，以墨角藻为食的体色变为棕绿色。

分身有术的海星 >

海星是棘皮动物门的一纲,下分海燕和海盘车两科,不过人们都俗称其为海星或"星鱼"。

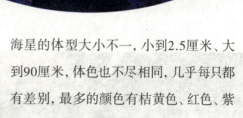

海星与海参、海胆同属棘皮动物。它们通常有6个腕但也有4或6个,有的多达40个腕,在这些腕下侧并排长有4列密密的管足。用管足既能捕获猎物,又能让自已攀附岩礁,大个的海星有好几千管足。海星的嘴在其身体下侧中部,可与海星爬过的物体表面直接接触。

海星的体型大小不一,小到2.5厘米、大到90厘米,体色也不尽相同,几乎每只都有差别,最多的颜色有桔黄色、红色、紫色、黄色和青色等。

海星主要分布于世界各地的浅海底沙地或礁石上,它对我们并不陌生。然而,我们对它的生态却了解甚少。海星看上去不像是动物,而且从其外观和缓慢的动作来看,很难想象出,海星竟是一种贪婪的食肉动物,它对海洋生态系统和生物进化还起着非同凡响的重要作用。这也就是它为何在世界上广泛分布的原因。

人们一般都会认为鲨鱼是海洋中凶残的食肉动物。而有谁能想到栖息于海底沙地或礁石上，平时一动不动的海星，却也是食肉动物呢！不过实际上就是这样。由于海星的活动不能像鲨鱼那般灵活、迅猛，故而，它的主要捕食对象是一些行动较迟缓的海洋动物，如贝类、海胆、螃蟹和海葵等。它捕食时常采取缓慢迂回的策略，慢慢接近猎物，用腕上的管足捉住猎物并用整个身体包住它，将胃袋从口中吐出、利用消化酶让猎获物在其体外溶解并被其吸收。

我们已知海星是海洋食物链中不可缺少的一个环节。它的捕食起着保持生物群平衡的作用，如在美国西海岸有一种文棘海星时常捕食密密麻麻地依附于礁石上的海虹（淡菜）。这样便可以防止海虹的过量繁殖，避免海虹侵犯其他生物的领地，以达到保持生物群平衡的作用。在全世界有大约1800种海星分布于从海间带到海底的广阔领域。其中以从阿拉斯加到加利福尼亚的东北部太平洋水域分布的种类最多。

在自然界的食物链中，捕食者与被捕食者之间常常展开生与死的较量。为了逃脱海星的捕食，被捕食动物几乎都

类养殖业十分有害。

海星有很强的繁殖能力。全世界大概有2000种海星，大部分的海星，是通过体外受精繁殖的，不需要交配。雄性海星的每个腕上都有一对睾丸，它们将大量精子排到水中，雌性也同样通过长在腕两侧的卵巢排出成千上万的卵子。精子和卵子在水中相遇，完成受精，形成新的生命。从受精的卵子中生出幼体，也就是小海星。

能作出逃避反应。有一种大海参，每当海星触碰到它时，它便会猛烈地在水中翻滚，趁还未被海星牢牢抓住之前逃之夭夭。扇贝躲避海星的技巧也较独特，当海星靠近它时扇贝便会一张一合地迅速游走。有种小海葵每当海星接近它时，它便从攀附的礁石上脱离，随波逐流，漂流到安全之地。这些动物的逃避能力是从长期进化中产生的，避免了被大自然淘汰的命运。

有研究者发现，一些海星具有季节性配对的习性，即雄性海星趴在雌性海星之上，5只腕相互交错。这种行为被认为与生殖有关，但其真正的功能则尚未被确认。

另外，海星还有一种特殊的能力——再生。海星的腕、体盘受损或自切后，都能够自然再生。海星的任何一个部位都可以重新生成一个新的海星。因此，某些种类的海星通过这种超强的再生方式演变出了无性繁殖的能力，它们就更不需要交配了。不过大多数海星通常不会进行无性繁殖。

海星的食物是贝类。当海星想吃贻贝时，会先用有力的吸盘将贝壳打开，然后将胃由嘴里伸出来，吃掉贻贝的身体。所以，海星的经济价值并不大，只能晒干制粉作农肥。由于它捕食贝类，故而对贝

全身都是刺的海胆 ❯

海胆是棘皮动物家族中的另一成员,它长着一个圆圆的石灰质硬壳,全身武装着硬刺。对居住在海底的"居民"来说,它是难以侵犯的,没有哪个莽撞的家伙敢去碰它。在我国南方,大都在春末夏初开始捕捞海胆;北方的大连紫海胆则是在夏秋两季采集。这时的海胆里面包着一腔橙黄色的卵,卵在硬壳里排列得像个五角星。海胆的卵是一种特殊风味的佳肴,光棘球海胆、紫海胆的卵块是名贵的海产品。在我国山东半岛北部沿海,如龙口、蓬莱、威海、长岛等地用海胆卵制成的"海胆酱"行销中外。

然而,并不是所有的海胆都可以吃,有不少种类是有毒的。这些海胆看上去要比无毒的海胆漂亮得多。例如,生长在南海珊瑚礁间的环刺海胆,它的粗刺上有黑白条纹,细刺为黄色。幼小的环刺海胆的刺上有白色、绿色的彩带,闪闪发光,在细刺的尖端生长着一个倒钩,它一旦刺进皮肤,毒汁就会注入人体,细刺也就断在皮肉中,使皮肤局部红肿疼痛,有的甚至出现心跳加快、全身痉挛等中毒症状。

海中珍品海参 〉

在海藻繁茂的海底，生活着一种像黄瓜一样的动物，它们披着褐色或苍绿色的外衣，身上长着许多突出的肉刺，这就是海中的"人参"——海参。海参是棘皮动物中名贵的海产品。在中国海有20多种食用海参，有些价格昂贵，如刺参、梅花参、乌皱辐肛参等。

在我国山东半岛和辽东半岛沿海，在海水稳静的海湾3米—15米深的岩礁或细泥沙的海底，生活着一种身体背部布满大大小小的圆锥状肉刺的海参，名叫刺参。刺参是海参中最为名贵的一种。它很怕热，每当夏季来临、海水温度升高时，它便爬到深水里，伏在礁石附近，不

吃也不动，开始了"夏眠"，一直睡到仲秋季节才开始活动，这一觉足足要睡3个多月！待到秋高气爽、水温渐凉时，刺参便爬到浅水中，边爬边用树枝状的触手抓起海底含有丰富有机物质的泥沙，吞噬下去。夹在泥沙中的有机物质被消化吸收，消化不了的泥沙被排出体外。正是海参的粪便给那些潜水捕捉海参的人提供了线索。

海参不仅是餐桌上的美味佳肴，而且还是营养滋补品，对增强体质、预防疾病、抑制肿瘤、延年益寿都具有良好的功效。

轻盈飘逸的水母 〉

在那蔚蓝色的海洋里，栖息着许多美丽透明的水母，它们一个个像降落伞似地漂浮在大海里，婀娜多姿的容貌使人赞叹不绝。天蓝色的帆水母背部竖着一个透明的"帆"借着海风和海浪，像一只小船在海中颠簸。海月水母具有伞样的钟状体，浮在海面如同皓月坠入海中，十分美丽。形如僧帽的僧帽水母，其触手甚长，上面布满了无数小刺细胞，刺细胞的毒液与眼镜蛇的毒液相似。

还有那剧毒的立方水母，又称"海黄蜂"。在海洋里，见到这些水母可千万别动手触摸，否则会被其带毒的刺胞蜇伤，甚至丧命。

美丽的"海菊花" 〉

陆地上的菊花，秋季开放，而在烟波浩渺的海洋中，却有一年四季盛开不败的"海菊花"，它就是海葵。

海葵形态繁多，有上千种，一般呈圆筒状，体色艳丽，基部附着在岩石、贝壳、砂砾或海底。海葵上端是圆形的盘，周围有几条到上千条菊瓣似的触手，它们在水中随波摇曳，一张一合，如花似锦。

108

生活在礁盘的大海葵，有天蓝色、黄色的触手，组成鲜艳的"花丛"，游鱼和小虾争相嬉戏于"花丛"之中，一旦被其触手中的刺细胞刺中便被麻痹，最后被触手卷入口中，成为其美餐。独有那色彩鲜艳的小丑鱼才可与其共栖，互利互惠。有些生物学家认为，海葵的寿命长达300年，所以这"海菊花"可长开300年而不谢，这是陆生菊花无法相比的。

多姿多彩的珊瑚 >

珊瑚虫生活在温暖的海洋里，拥挤固着在岩礁上。

新生的珊瑚就在死去的珊瑚骨骼上生长，有的生成树枝状，枝条纤美柔韧。珊瑚的形状美丽多姿：有像鹿角的鹿角珊瑚；有似喇叭的筒状珊瑚；有像蘑菇的石芝珊瑚等等，真是五花八门。那颜色有橙黄、粉红、浅绿、紫的、蓝的、白的……从珊瑚的触手数目来分，可分为两大类——八放珊瑚和六放珊瑚。珊瑚的触手很小，都长在口旁边，那"肚子"（内腔）里被分隔成若干小房间（消化腔），海水流过，把食物带进消化腔吸收。活的珊瑚虫有吸收钙质制造骨骼的本领。

活的珊瑚虫死去了，新的又不断生长，日积月累，死珊瑚虫的石灰质骨骼便形成了珊瑚礁、珊瑚岛。

浮游藻 〉

浮游藻的藻体仅由一个细胞组成，所以也称为海洋单细胞藻。这类生物是一群具有叶绿素，能够进行光合作用，并生产有机物的自养型生物。它们是海洋中最重要的初级生产者，又是养殖鱼、虾、贝的饵料。目前已在中国海记录到浮游藻1817种。

浮游藻的运动能力非常弱，只能随波逐流地漂浮或悬浮在水中作极微弱的浮动。它们有适应漂浮生活的各种各样的体形，使浮力增加。例如：有的浮游藻细胞周围生出一圈刺毛；有的长有长长的刺或突起物，这些附属物增加了与水的接触面，可以产生很大的稳定性，使其能漂浮在有光的表层水中；有的结成群体来扩大表面积便于漂浮，而且它们本身个体很小，也是对漂浮生活的一种很好的适应形式。

浮游藻身体直径一般只有千分之几毫米，只有在显微镜下才能看见它们的模样，但其形状各有特色，几乎是一种一个样子。它们多数是单细胞的，也有许多是由单细胞结合起来的群体，有纺锤形、扇形、星形的，有椭圆形、卵形、圆柱形的，还有树枝状的。

底栖藻 〉

科学家们将栖息在海底的藻类称为底栖藻。它们在退潮时能适应暂时的干旱和冬季暂时的"冰冻"等环境，只要海水一涨潮，它们便又开始正常地生长发育。底栖藻大部分是肉眼能看见的多细胞海藻。小的种类成体只有几厘米长，如丝藻；最长的可达200米—300米，如巨藻。底栖藻的形态奇形怪状：有的像带子，如海带；有的像绳子，如绳藻；有的是

片状，如石莼、紫菜；有的像树枝状，如马尾藻。

底栖藻的藻体有的只有一层很薄的细胞，如礁膜；有的有两层细胞，如石莼；有的中空呈管状，如浒苔；还有的藻体可分为外皮层、皮层和髓部，如海带、马尾藻。

底栖藻的颜色鲜艳美丽，有绿色、褐色和红色。科学家们根据它们的颜色，把海藻分为三大类：绿藻类、褐藻类和红藻类。

绿藻 〉

绿藻的藻体呈草绿色。绿藻约有6000种，其中90%产于淡水，只有10%生活在潮间带或潮下带的岩石上。绿藻有单细胞的，有群体的；有丝状的，还有片状的。最常见的海洋单细胞绿藻是扁藻，它含有丰富的蛋白质，是海洋中小型动物的良好饵料。最常见的多细胞绿藻有石莼、礁膜（我国沿海渔民称之为海菠菜或海白菜），它们是人们喜爱的海洋经济蔬菜；还有浒苔，它可用来制作浒苔糕，味道十分鲜美。此外，还有羽藻、刺海松、伞藻等。

ZOUXIANGQIHUANBANLANDEHAI

● 海底探宝

海洋资源指的是与海水水体及海底、海面本身有着直接关系的物质和能量。自然资源分类之一。是形成和存在于海水或海洋中的有关资源。包括海水中生存的生物，溶解于海水中的化学元素，海水波浪、潮汐及海流所产生的能量、贮存的热量，滨海、大陆架及深海海底所蕴藏的矿产资源，以及海水所形成的压力差、浓度差等。广义的还包括海洋提供给人们生产、生活和娱乐的一切空间和设施。

海洋资源按资源性质或功能分为海洋生物资源和水域资源。世界水产品中的85%左右产于海洋。以鱼类为主体，占世界海洋水产品总量的80%以上，还有丰富的藻类资源。海水中含有丰富的海水化学资源，已发现的海水化学物质有80多种。其中，11种元素(氯、钠、镁、钾、硫、钙、溴、碳、锶、硼和氟)占海水中溶解物质总量99.8%以上，可提取的化学物质达50多种。由于海水运动产生海洋动力资源，主要有潮汐能、波浪能、海流能及海水因温差和盐差而引起的温差能与盐差能等。估计全球海水温差能的可利用功率达100×10^8千瓦，潮汐能、波浪能、河流能及海水盐差能等可再生功率在10×10^8千瓦左右。

海洋资源的分类 >

按照资源有无生命分类,可分为生物资源和非生物资源。

按照资源的来源分类,可分为来自太阳辐射的资源,来自地球本身的资源和地球与其他天体的相互作用而产生的资源。

按照能否恢复分类,可分为再生性资源和非再生性资源。

按照资源的属性分类,可分为生物资源、能源资源、空间资源和化学资源。

海底矿产知多少 >

目前人们已经发现的有以下六大类:

• 石油、天然气

据估计,世界石油极限储量1万亿吨,可采储量3000亿吨,其中海底石油1350亿吨;世界天然气储量255—280亿立方米,海洋储量占140亿立方米。上世纪末,海洋石油年产量达30亿吨,占世界石油总产量的50%。中国在临近各海域油气储藏量约40—50亿吨。由于发现丰富的海洋油气资源,中国有可能成为世界五大石油生产国之一。

• 煤、铁等固体矿产

世界许多近岸海底已开采煤铁矿藏。日本海底煤矿开采量占其总产量的30%;智利、英国、加拿大、土耳其也有开采。日本九州附近海底发现了世界上最大的铁矿之一。亚洲一些国家还发现许多海底锡矿。已发现的海底固体矿产有20多种。

中国大陆架浅海区广泛分布有铜、煤、硫、磷、石灰石等矿。

• 海滨砂矿

海滨沉积物中有许多贵重矿物,如:含有发射火箭用的固体燃料钛的金红石;含有火箭、飞机外壳用的铌和反应堆及微电路用的钽的独居石;含有核潜艇和核反应堆用的耐高温和耐腐蚀的锆铁矿、锆英石;某些海区还有黄金、白金和银等。中国近海海域也分布有金、锆英石、钛铁矿、独居石、铬尖晶石等经济价值极高的砂矿。

• 多金属结核和富钴锰结壳

多金属结核含有锰、铁、镍、钴、铜等几十种元素。世界海洋3500—6000米深的洋底储藏的多金属结核约有3万亿吨。其中锰的产量可供世界用18000年,镍可用25000年。中国已在太平洋调查200多万平方千米的面积,其中有30多万平方千米为有开采价值的海洋资源。

远景矿区，联合国已批准其中 15 万平方千米的区域分配给中国作为开辟区。富钴锰结壳储藏在 300—4000 米深的海底，容易开采。美日等国已设计了一些开采系统。

• 热液矿藏

热液矿藏是一种含有大量金属的硫化物，海底裂谷喷出的高温岩浆冷却沉积形成，已发现 30 多处矿床。仅美国在加拉帕戈斯裂谷储量就达 2500 万吨，开采价值 39 亿美元。

• 可燃冰

可燃冰是一种被称为天然气水合物的新型矿物，在低温、高压条件下，由碳氢化合物与水分子组成的冰态固体物质。其能量密度高，杂质少，燃烧后几乎无污染，矿层厚，规模大，分布广，资源丰富。据估计，全球可燃冰的储量是现有石油天然气储量的 2 倍。在上世纪日本、苏联、美

国均已发现大面积的可燃冰分布区。中国也在南海和东海发现了可燃冰。据测算，仅中国南海的可燃冰资源量就达 700 亿吨油当量，约相当于中国目前陆上油气资源量总数的 1/2。在世界油气资源逐渐枯竭的情况下，可燃冰的发现又为人类带来新的希望。

由于人类对两极海域和广大的深海区还调查得很不够，大洋中还有多少海底矿产人们还难以知晓。

食物资源 >

食物资源仅位于近海水域自然生长的海藻，年产量已相当于目前世界年产小麦总量的15倍以上，如果把这些藻类加工成食品，就能为人们提供充足的蛋白质、多种维生素以及人体所需的矿物质，海洋中还有丰富的肉眼看不见的浮游生物，加工成食品，足可满足300亿人的需要，海洋中还有众多的鱼虾，真是人类未来的粮仓。南极的磷虾每年都产50多亿，我们只捕捞1亿—1.5亿吨就能达到全世界鱼虾捕捞量的一倍还多。

• 海洋食物链

在海洋中，各种生物种群的食物关系，呈食物金字塔的形式。

海洋生物学家曾做过这样的研究报告：处在这座生物金字塔最低部的，是各种硅藻类。它们是海洋中的单细胞植物，其数量非常之巨大。我们假定，生物金字塔最低部的硅藻类是454千克。在这一层的上边是微小的海洋食草类动物，或者叫浮游动物。这些动物是以硅藻为食而获取热量。这一层的动物要维持其正常生活，需食用45.4千克硅藻。那么，再上一层是鲱鱼类，鲱鱼为获取热量，维持生命，需食用4.54千克的浮游动物。当然，

鲱鱼的存在又为鳕鱼提供食物，显然，鳕鱼又是更上一层动物的食物了。鳕鱼为获取热量和正常生活，需要食用454克的鲱鱼为食。不难看出，每上升一级，食物以10%的几何级数减少；相反，每下降一级，其食物量又以10倍几何数而增加。呈一个下大上小的金字塔形。通过海洋食物网建起的金字塔，经过四至五级的能量依次转移，维持各生命群体之间的平衡。当接近海洋食物金字塔的顶端时，生物的数目比起底部来说，变得非常之少。在海洋中，处在顶部的是海洋哺乳类，如海兽等。

海水能源 >

海水不但可以通过其热能和机械能等给我们电能，从海水中还可提取出像汽油、柴油那样的燃料——铀和重水。铀在海水中的储量十分可观，达45亿吨左右，相当于陆地总贮量的4500倍，按燃烧发生的热量计算，至少可供全世界使用1万年。

海洋药物 >

鲍可平血压，治头晕目花症；海蜇可治女性劳损、积血带下、小儿风疾丹毒；海马和海龙补肾壮阳、镇静安神、止咳平喘；用龟血和龟油治哮喘、气管炎；用海藻治疗喉咙疼痛等；海螵蛸是乌贼的内壳，可治疗胃病、消化不良、面部神经疼痛等症；珍珠粉可止血、消炎、解毒、生肌等，人们常用它滋阴养颜；用鳕鱼肝制成的鱼肝油，可治疗维生素A、维生素D缺乏症；海蛇毒汁可治疗半身不遂及坐骨神经痛等。另外人们还从海洋生物中提取出了一些治疗白血病、高血压、迅速愈合骨折、天花、肠道溃疡和某些癌症的有效药物。

海滨砂矿：从矿带分布的特征上可以看出，金和锡石等比重大的矿物的分布，离海岸较近；锆石、独居石、钛铁矿、磷钇矿、金红石等比重较小，沉积的地点较远；而耐磨性很强却又较轻的金刚石被搬运到几百千米远的地方，然后沉积成矿。

海底石油：据科学勘察和推算，海底石油约有1350亿吨，占世界可开采石油储量的45%。目前，世界上公认，举世闻名的波斯湾是世界上海底石油储量最丰富的地区之一。而中国的南海、东海、南黄海和渤海湾，都先后发现了油田。海底有大量的金属结核矿，其中锰2000亿吨、镍164亿吨、铜88亿吨、钴58亿吨，相当于陆地上储量的40—1000倍。

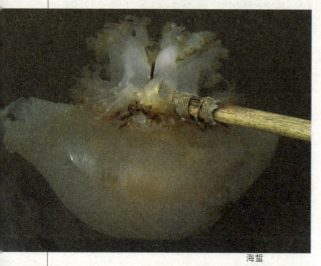
海蜇

哥伦布发现新大陆 〉

哥伦布，意大利航海家。生于意大利热那亚，卒于西班牙巴利亚多利德。一生从事航海活动。先后移居葡萄牙和西班牙。相信大地球形说，认为从欧洲西航可达东方的印度。在西班牙国王支持下，先后4次出海远航。开辟了横渡大西洋到美洲的航路。先后到达巴哈马群岛、古巴、海地、多米尼加、特立尼达等岛。在帕里亚湾南岸首次登上美洲大陆。考察了中美洲洪都拉斯到达连湾2000多千米的海岸线；认识了巴拿马地峡；发现和利用了大西洋低纬度吹东风、较高纬度吹西风的风向变化。

• 哥伦布其人

哥伦布是个意大利人，自幼热爱航海冒险。他读过《马可·波罗游记》，十分向往印度和中国。当时，地圆说已经很盛行，哥伦布也深信不疑。他先后向葡萄牙、西班牙、英国、法国等国的国王请求资助，以实现他向西航行到达东方国家的计划，都遭拒绝。一方面，地圆说的理论有些不完备，因为许多人不相信，所以把哥伦布看成江湖骗子。有一次，在西班牙关于哥伦布计划的专门的审查委员会上，一位委员问哥伦布：即使地球是圆的，向西航行可以到达东方，回到出发港，那么有一段航行必然是从地球下面向上爬坡，帆船怎么能爬上来呢？对此问题，滔滔不绝、口若悬河的哥伦布也只有语塞。另一方面因为当时西方国家对东方物质财富需求除传统的丝绸、瓷器、

茶叶外，最重要的是香料和黄金。其中香料是欧洲人起居生活和饮食烹调必不可少的材料，需求量很大，而本地又不生产。当时，这些商品主要经传统的海、陆联运商路运输。经营这些商品的既得利益集团也极力反对哥伦布开辟新航路的计划。哥伦布为实现自己的计划，到处游说了十几年。直到1492年，西班牙伊莎贝拉王后慧眼识英雄，她说服了国王，使哥伦布的

计划才得以实施。其实，西班牙王后支持哥伦布，恰恰是缺乏必要的地理知识。在哥伦布发现美洲之前，葡萄牙人已经控制了从非洲好望角直达印度的航路，葡萄牙人经过精密的计算发现其实从欧洲到达亚洲东方的最近的路途就是他们控制的航线，这也是葡萄牙人拒绝支持哥伦布的原因。这里就有了很大的巧合，历史的必然就在这种偶然中产生了。当然也有观点认为，哥伦布恰恰清楚葡萄牙人的航路是通往东方的要道，但是葡萄牙人已经牢牢控制了这里了，他只有重新选择一条新的道路。

1492 年 8 月 3 日，哥伦布受西班牙国王派遣，带着给印度君主和中国皇帝的国书，率领三艘百十来吨的帆船，从西班牙巴罗斯港扬帆出大西洋，直向正西航去。经 70 昼夜的艰苦航行，1492 年 10 月 12 日凌晨终于发现了陆地。哥伦布以为到达了印度。后来知道，哥伦布登上的这块土地属于现在中美洲加勒比海中的巴哈马群岛，他当时为它命名为圣萨尔瓦多。圣萨尔瓦多便是救世主的意思，这个救世主拯救了刚刚兴起的欧洲，但是也许在改变历史的同时，也给其他大洲带去了灾难。

1493 年 3 月 15 日，哥伦布回到西班牙。此后他又 3 次重复他的向西航行，又登上了美洲的许多海岸。直到 1506 年逝世，他一直认为他到达的是印度。后来，一个叫作亚美利加的意大利学者，经过更多的考察，才知道哥伦布到达的这些地方不是印度，而是一个原来不为多数欧洲人知的的大陆。这块大陆也因此用了证实它是欧洲人所未知大陆这种情况的人的名字命名：亚美利加洲。哥伦布并不是最早发现美洲大陆的人，"新大陆"狭义上对哥伦布和西方人是"新大陆"，对美洲原住民印第安人来说并不是新大陆，他们早在 4 万年前就已经到达美洲大陆，大约是在从亚洲渡过白令海峡到达美洲的，或者是通过冰封的海峡陆桥过去的。不管是哪个哥伦布还是其他西方人登上的美洲大陆，都不是"首先发现"，在他们来之前这里不仅有几千万的居民。美洲土著居民本身就是远古时期从亚洲迁徙过去的。中国、大洋洲的先民航海到达美洲也是极有可能的，但这些都不能改变哥伦布发现新大陆的重要意义。哥伦布的发现对世界产生了当时人所料想不到的巨大影响，也成为了人类历史发展的重要转折点。

• 航行之旅

　　哥伦布先后到达巴哈马群岛、古巴、海地、多米尼加、特立尼达等岛。在帕里亚湾南岸首次登上美洲大陆。考察了中美洲洪都拉斯到达连湾2000多千米的海岸线；认识了巴拿马地峡；发现和利用了大西洋低纬度吹东风、较高纬度吹西风的风向变化。证明了大地球形说的正确性。促进了旧大陆与新大陆的联系。他误认为到达的新大陆是印度，并称当地人为印第安人。

　　第一次航行始于1492年8月3日，哥伦布率船员87人，分乘3艘船从西班牙巴罗斯港出发。

　　10月12日他到达并命名了巴哈马群岛的圣萨尔瓦多岛。10月28日到达古巴岛，他误认为这就是亚洲大陆。随后他来到西印度群岛中的伊斯帕尼奥拉岛（今海地岛），在岛的北岸进行了考察。1493年3月15日返回西班牙。

　　第二次航行始于1493年9月25日，他率船17艘从西班牙加的斯港出发。目的是要到他所谓的亚洲大陆印度建立永久性殖民统治。参加航海的达1500人，其中有王室官员、技师、工匠和士兵等。1494年2月因粮食短缺等原因，大部分船只和人员返回西班牙。他率船3艘在古巴岛和伊斯帕尼奥拉岛以南水域继续进行探索"印度大陆"的航行。在这次航行中，他的船队先后到达了多米尼加岛、背风群岛的安提瓜岛和维尔京群岛，以及波多黎各岛。1496年6月11日回到西班牙。

　　第三次航行是1498年5月30日开始的。他率船6艘、船员约200人，由西班牙塞维利亚出发。航行目的是要证实在前两次航行中发现的诸岛之南有一块大陆（即南美洲大陆）的传说。7月31日船队到达南美洲北部的特立尼达岛以及委内瑞拉的帕里亚湾。这是欧洲人首次发现南美洲。此后，哥伦布由于被控告，于1500年10月被国王派去的使者逮捕后解送回西班牙。因各方反对，哥伦布不久获释。

　　第四次航行始于1502年5月11日，他率船4艘，船员150人，从加的斯港出发。哥伦布第三次航行的发现已经震动了葡萄

美丽的古巴

牙和西班牙，许多人认为他所到达的地方并非亚洲，而是一个欧洲人未曾到过的"新世界"。于是斐迪南国王和伊莎贝拉王后命令哥伦布再次出航查明，并寻找新大陆中间通向太平洋的水上通道。他到达伊斯帕尼奥拉岛后，穿过古巴岛和牙买加岛之间的海域驶向加勒比海西部，然后向南折向东沿洪都拉斯、尼加拉瓜、哥斯达黎加和巴拿马海岸航行了约 1500 千米，寻找两大洋之间的通道。他从印第安人处得知，他正沿着一条隔开两大洋的地峡行驶。由于 1 艘船在同印第安人冲突中被毁，另 3 艘也先后损坏，哥伦布于 1503 年 6 月在牙买加弃船登岸，1504 年 11 月 7 日返回西班牙。

麦哲伦的环球航行 >

　　斐迪南·麦哲伦，葡萄牙人，为西班牙政府效力探险。1519年—1521年率领船队首次环航地球，死于菲律宾的部族冲突中。虽然他没有亲自环球，他船上的水手在他死后继续向西航行，回到欧洲。

· 人物生平

麦哲伦于 1480 年出生于葡萄牙北部波尔图一个没落的骑士家庭。10 岁时他的父亲将他送进王宫服役，他后来担任王后的侍童。1496 年，他被编入国家航海事务所，1505 年参加了葡萄牙第一任驻印度总督阿尔梅达的远征队。先后跟随远征队到过东部非洲、印度和马六甲等地探险和进行殖民活动。这段经历使他积累了丰富的航海经验。

25 岁那年，他参加了对非洲的殖民战争。以后，又参加与阿拉伯人争夺贸易地盘的战役。30 岁离开印度回国。但是，他在归国途中触礁，被困在一个孤岛上。麦哲伦和他的海员们等了很长时间才等到援救船只。上级了解这一情况后，将他升任为船长，并在军队里服役。

此后，他在东南亚参与殖民战争时了解到，香料群岛东面，还是一片大海。而且，他的朋友、占星学家法力罗亦计算出香料群岛的位置。他猜测，大海以东就是美洲，并坚信地球是圆的。于是，他便有了做一次环球航行的打算。

· 环球过程预备出航

33 岁时，麦哲伦回到了家乡葡萄牙。他向葡萄牙国王曼努埃尔申请组织船队去探险，进行一次环球航行。可是，国王没有答应，因为国王认为东方贸易已经得到有效的控制，没有必要再去开辟新航道了。1517 年，他离开了葡萄牙，来到了西班牙

塞维利亚并又一次提出环球航行的请求。塞维利亚的要塞司令非常欣赏他的才能和勇气，答应了他的请求，并把女儿也嫁给了他。

1518 年 3 月，西班牙国王查理五世接见了麦哲伦，麦哲伦再次提出了航海的请求，并献给了国王一个自制的精致的彩色地球仪。国王很快就答应了他。不久，在国王的指令下，麦哲伦组织了一支船队准备出航。

但葡萄牙国王很快知道这一件事，他害怕麦哲伦的这一次航行会帮助西班牙的势力超过葡萄牙。他不但派人在塞尔维亚不断制造谣言，还派了一些奸细打进麦哲伦的船队，并准备伺机破坏，暗杀麦哲伦。

走向奇幻斑斓的海

• 横渡大西洋

1519 年 8 月 10 日，麦哲伦率领 5 条船的船队出发了。船队在大西洋中航行了 70 天，11 月 29 日到达巴西海岸。第二年 1 月 10 日，船队来到了一个无边无际的大海湾。船员们以为到了美洲的尽头，可以顺利进入新的大洋，但是经过实地调查，那只不过是一个河口，即现在乌拉圭的拉普拉塔河。

3 月底，南美进入隆冬季节，于是麦哲伦率船队驶入圣胡安港准备过冬。由于天气寒冻，粮食短缺，船员情绪十分颓丧。船员内部发生叛乱，3 个船长联合反对麦哲伦，不服从麦哲伦的指挥，责令麦哲伦去谈判。麦哲伦便派人假意去送一封同意谈判的信，并趁机刺杀了叛乱的船长官员。

不久，麦哲伦在圣胡安港发现了大量的海鸟、鱼类还有淡水，饮食问题终于得到解决。麦哲伦还发现附近有当地的原住

圣胡安港

居民，这些人体格高大，身披兽皮；他们的鞋子也很特别，他们把湿润的兽皮套在脚上，上至膝盖。雨雪天就在外面再套一双大皮靴。麦哲伦把他们称为"大脚人"，并以欺骗的方法逮捕了两个"大脚人"，并戴上脚镣手铐关在船舱里，作为献给西班牙国王的礼物。

8 月，麦哲伦率领船队继续出发。但他们只剩下 4 条船了。

• 穿越美洲

1520 年 8 月底，船队驶出圣胡安港，沿大西洋海岸继续南航，准备寻找通往"南海"的海峡。经过 3 天的航行，在南纬52°的地方，发现了一个海湾。麦哲伦派2 艘船只前去探察，希望查明通向"南海"的水道。当夜遇到了一场风暴，狂飙呼啸，巨浪滔天，前去探察的船只随时都会有撞上悬崖峭壁和沉没的危险，如此紧急情况，竟持续了两天。说来也巧，就在这风云突

变的时刻，他们找到了一条通往"南海"的峡道，即后人所称的麦哲伦海峡。

麦哲伦率领船队沿麦哲伦海峡航行。峡道弯弯曲曲，时宽时窄，两岸山峰耸立，奇幻莫测。海峡两岸的土著居民欢喜燃烧篝火，白日蓝烟缕缕，夜晚一片通明，好像专门为麦哲伦的到来而安排的仪仗队。麦哲伦高兴极了，他在夜里见到陆地上火光点点，便把海峡南岸的这块陆地命名为"火地"，这就是今日智利的火地岛。

经过20多天艰苦迂回的航行，终于到达海峡的西口，走出了麦哲伦海峡，眼前顿时呈现出一片风平浪静、浩瀚无际的"南海"。

• 太平洋上的饥饿

历经100多天的航行，一直没有遭遇到狂风大浪，麦哲伦的心情从来没有这样轻松过，好像上帝帮了他大忙。他就给"南海"起了个吉祥的名字，叫"太平洋"。在这辽阔的太平洋上，看不见陆地，遇不到岛屿，食品成为最关键的难题，100多个日日夜夜里，他们没有吃到一点新鲜食物，只有面包干充饥，后来连面包干也吃完了，只能吃点生了虫的面包干碎屑，这种食物散发出像老鼠尿一样的臭气。船舱里的淡水也越来越少，最后只能喝带有臭味的混浊黄水。为了活命，连盖在船桁上的牛皮也被充作食物，由于日晒、风吹、雨淋，牛皮硬得像石头一样，要放在海水里浸泡四五天，再放在炭火上烤好久才能食用。有时，他们还吃木头的锯末粉。

• 抵达亚洲

1521年3月，船队终于到达3个有居民的海岛，这些小岛是马里亚纳群岛中的一些岛屿，岛上土著人皮肤黝黑，身材高大，他们赤身露体，然而却戴着棕榈叶编成的帽子。热心的岛民们给他们送来了粮食、水果和蔬菜。在惊奇之余，船员们对居民们的热情无不感到由衷的感激。但由于土著人们从未见到过如此壮观的船队，对船上的任何东西都表现出新奇感，于是从船上搬走了一些物品，船员们发觉后，便大声叫嚷起来，把他们当作强盗，还把这个岛屿改名为"强盗岛"。当这些岛民偷走系在船尾的一只救生小艇后，麦哲伦生气极了，他带领一队武装人员登上海岸，开枪打死了7个土著人，放火烧毁了几十间茅屋和几十条小船。于是在麦哲伦的航行日记上留下很不光彩的一页。

船队再往西行，来到现今的菲律宾群岛。此时，麦哲伦和他的同伴们终于首次完成横渡太平洋的壮举，证实了美洲与亚洲之间存在着一片辽阔的水域。这个水域要比大西洋宽阔得多。哥伦布首次横渡大西洋只用了两个月零几天的时间，而麦哲伦在天气晴和、一路顺风的情况下，横渡太平洋却用了一百多天。

麦哲伦首次横渡太平洋，在地理学和航海史上产生了一场革命。证明地球表面大部分地区不是陆地，而是海洋，世界各地的海洋不是相互隔离的，而是一个统一的完整水域。这为后人的航海事业起到了开路先锋的作用。

菲律宾群岛

• 麦哲伦之死

　　一天，麦哲伦船队来到萨马岛附近一个无人居住的小岛上，以便在那里补充一些淡水，并让海员们休整一下。邻近小岛上的居民前来观看西班牙人，用椰子、棕榈酒等换取西班牙人的红帽子和一些小玩物。几天以后，船队向西南航行，在棉兰老岛北面的小岛停泊下来。当地土著人的一只小船向"特立尼达"号船驶来，麦哲伦的一个奴仆恩里克用马来西亚语向小船的桨手们喊话，他们立刻听懂了恩里克的意思。恩里克生在苏门答腊岛，是12年前麦哲伦从马六甲带到欧洲去的。两个小时后，驶来了两只大船，船上坐满了人，当地的头人也来了。恩里克与他们自由地交谈。这时，麦哲伦才恍然大悟，现在又来到了说马来语的人们中间，离"香料群岛"已经不远了，他们快要完成人类历史上首次环球航行了。

　　岛上的头人来到麦哲伦的指挥船上，把船队带到菲律宾中部的宿雾大港口。麦哲伦表示愿意与宿雾岛的首领和好，如果他们承认自己是西班牙国王的属臣，还准备向他们提供军事援助。为了使首领信服西班牙人，麦哲伦在附近进行了一次军事演习。宿雾岛的首领接受了这个建议，一星期后，他携带全家大小和数百名臣民作了洗礼，在短时期内，这个岛和附近岛上的一些居民也都接受了洗礼。

　　麦哲伦成了这些新基督徒的靠山。

宿雾

为了推行殖民主义的统治，他插手附近小岛首领之间的内讧。夜间，他带领60多人乘3只小船前往小岛，由于水中多礁石，船只不能靠岸，麦哲伦和船员50多人便涉水登陆。不料，反抗的岛民们早已严阵以待，麦哲伦命令火炮手和弓箭手向他们开火，可是攻不进去。接着，岛民向他们猛扑过来，船员们抵挡不住，边打边退，岛民们紧紧追赶。麦哲伦急于解围，下令烧毁这个村庄，以扰乱人心。岛民们见到自己的房子被烧，更加愤怒地追击他们，射来了密集的箭矢，掷来了无数的标枪和石块。当他们得知麦哲伦是船队司令时，攻击更加猛烈，许多人奋不顾身，纷纷向他投来了标枪，或用大斧砍来，麦哲伦就在这场战斗中被砍死。

125

• 接续遗志

麦哲伦死后，他的同伴们继续航行。1521 年 11 月 8 日，他们在马鲁古群岛的蒂多雷小岛一个香料市场抛锚停泊。在那里他们以廉价的物品换取了大批香料，如丁香、豆蔻、肉桂等堆满了船仓。

1522 年 5 月 20 日"维多利亚"号船绕过非洲南端的好望角。在这段航程中，船员减少到只剩 35 人。后来到了非洲西海岸外面的佛得角群岛，他们把一包丁香带上岸去换取食物，被葡萄牙人发现，又捉去 13 人，只留下 22 人。

1522 年 9 月 6 日，"维多利亚"号返抵西班牙，终于完成了历史上首次环球航行。当"维多利亚"号船返回圣罗卡时，船上只剩下 18 人了。他们已经极度疲劳衰弱，就是原来认识他们的人也分辨不出来了。他们运回来数量十分可观的香料，一把新鲜的丁香可以换取一把金币，把香料换取金钱，不仅能弥补探险队的全部耗费，而且还挣得一大笔利润。

郑和下西洋 〉

郑和下西洋是指明朝初期郑和奉命出使7次下西洋的航海活动。郑和下西洋时间之长、规模之大、范围之广都是空前的。它不仅在航海活动上达到了当时世界航海事业的顶峰，而且对发展中国与亚洲各国家政治、经济和文化上友好关系，作出了巨大的贡献。

1405年7月11日（明永乐三年）明成祖命太监郑和率领240多艘海船、27400名船员的庞大船队远航，拜访了30多个在西太平洋和印度洋的国家和地区，加深了明王朝和南海（今东南亚）、东非的友好关系，史称郑和下西洋。每次都由苏州浏家港出发，一直到1433年（明宣德八年），一共远航了有7次之多。最后一次，宣德八年四月回程到古里时，郑和在船上因病过世。明代故事《三宝太监西洋记通俗演义》和明代杂剧《奉天命三保下西洋》将他的旅行探险称之为三宝太监下西洋。郑和的航行之举远远超过将近一个世纪的葡萄牙、西班牙等国的航海家，如麦哲伦、哥伦布、达伽玛等人，堪称是"大航海时代"的先驱，也是唯一的东方人。他更早于狄亚士57年远赴非洲。

郑和曾到达过爪哇、苏门答腊、苏禄、彭亨、真腊、古里、暹罗、榜葛剌、阿丹、天方、左法尔、忽鲁谟斯、木骨都束等30多个国家，最远曾达非洲东部，红海、麦加，并有可能到过澳大利亚、美洲和新西兰。

郑和是世界大航海时代的先驱，郑和下西洋是当代航海事业的顶峰，后世几百年中，无人能及。

郑和

图书在版编目（CIP）数据

走向奇幻斑斓的海 / 魏星编著. -- 北京：现代出
版社，2016.7（2024.12重印）
ISBN 978-7-5143-5215-3

Ⅰ.①走…　Ⅱ.①魏…　Ⅲ.①海洋－普及读物　Ⅳ.
①P7-49

中国版本图书馆CIP数据核字（2016）第160845号

走向奇幻斑斓的海

作　　者：魏星
责任编辑：王敬一
出版发行：现代出版社
通讯地址：北京市朝阳区安外安华里 504 号
邮政编码：100011
电　　话：010-64267325　64245264（传真）
网　　址：www.1980xd.com
电子邮箱：xiandai@cnpitc.com.cn
印　　刷：唐山富达印务有限公司
开　　本：700mm×1000mm　1/16
印　　张：8
印　　次：2016年7月第1版　2024年12月第4次印刷
书　　号：ISBN 978-7-5143-5215-3
定　　价：57.00 元